国家社会科学基金（教育学科）“十一五”规划课题研究成果

中等职业学校数控技术应用专业规划教材

数控车削工艺与编程

徐晓俊　主编

李金叶　薛建国 参编

中国铁道出版社

CHINA RAILWAY PUBLISHING HOUSE

内 容 简 介

本书为中等职业学校数控技术应用专业规划教材。全书分八个项目，24个任务，主要内容有认识与操作数控车床、数控车削加工工艺分析、简单轴类零件加工编程、简单套类零件加工编程、成形面类零件加工编程、等螺距螺纹加工编程、零件综合加工编程训练、计算参数及应用等。

本书以任务引领，学做合一；知识学习突出够用实用，技能训练借用典型任务；内容新颖，形式活泼，图文并茂，通俗易懂。

本书可作为中等职业学校机械类等相关专业教材，也可作为培训机构和企业培训的教材以及相关技术人员的参考用书。

图书在版编目（CIP）数据

数控车削工艺与编程 / 徐晓俊主编. —北京：中国铁道出版社，2010.8

中等职业学校数控技术应用专业规划教材

ISBN 978-7-113-11494-7

Ⅰ.①数… Ⅱ.①徐… Ⅲ.①数控机床：车床－车削－生产工艺－专业学校－教材②数控机床：车床－车削－程序设计－专业学校－教材 Ⅳ.①TG519.1

中国版本图书馆CIP数据核字（2010）第103081号

书　　名：数控车削工艺与编程
作　　者：徐晓俊　主编

策划编辑：秦绪好　何红艳
责任编辑：周　欢　　**读者热线电话：**400-668-0820
编辑助理：胡京平　　**封面制作：**李　路
封面设计：付　巍　　**责任印制：**李　佳

出版发行：中国铁道出版社（北京市宣武区右安门西街8号　邮政编码：100054）
印　　刷：化学工业出版社印刷厂
版　　次：2010年8月第1版　2010年8月第1次印刷
开　　本：787mm×1092mm　1/16　**印张：**11.75　**字数：**284千
印　　数：3 000册
书　　号：ISBN 978-7-113-11494-7
定　　价：20.00元

编审委员会

序

PREFACE

国家社会科学基金课题“以就业为导向的职业教育教学理论与实践研究”在取得理论研究成果的基础上，分别选取了高等职业教育和中等职业教育的十几个专业大类开展实践研究。中等职业教育机械专业类是其中之一。

本课题研究发现，中等职业教育在专业教育上承担着帮助学生构建起专业理论知识框架、技术方法体系框架和职业活动体系框架的任务，其中，专业理论知识框架、技术方法体系框架是为学生职业活动体系的构建服务的，而这三个体系框架的构建需要通过教材体系和教材内部结构得以实现，即学生的心理结构来自于教材的体系和结构。为此，这套中等职业教育机械类专业系列教材的设计，依据不同教材在其构建理论知识、技术方法、职业活动三个体系中的作用，采用了不同的教材内部结构设计和编写体例。

承担专业理论知识体系构建任务的教材，强调了专业理论知识框架的完整与系统，不强调专业理论知识的深度和难度；追求的是学生对专业理论知识整体框架的了解，不追求学生只掌握某些局部内容，而求其深度和难度。

承担技术方法体系框架构建任务的教材，注重让学生了解这种技术的产生与演变过程，培养学生的技术创新意识；注重让学生把握这种技术的整体框架，培养学生对新技术的学习能力；注重让学生在技术应用过程中掌握这种技术的操作，培养学生的技术应用能力；注重让学生区别同种用途的其他技术的特点，培养学生职业活动中的技术比较与选择能力。

承担职业活动体系构建任务的教材，依据不同职业活动对所从事人特质的要求，分别采用了过程驱动、情景驱动、效果驱动的方式，形成了做学合一的各种教材结构与体例，诸如：项目结构、案例结构等。过程驱动培养所从事人的程序逻辑思维；情景驱动培养所从事人的情景敏感特质；效果驱动培养所从事人的发散思维。

本套教材无论从课程标准的开发、教材体系的建立、教材内容的筛选、教材结构的设计还是到教材素材的选择，都得到了机械行业专家的大力支持，他们针对机械行业职业资格标准和各类技术在我国应用的广泛程度，提出了十分有益的建议；倾注了国内知名职业教育专家和全国一百多所中等职业学校机械专业类一线老师的心血，他们对中等职业教育机械类专业培养的人才特质和类型提出了宝贵的意见，对中等职业教育机械类专业教学提供了丰富的素材和鲜活的教学经验。

这套教材是我国中等职业教育近年来从只注重学生单一职业活动体系构建，向专业理论知识框架、技术方法体系框架和职业活动体系框架三个体系构建的转变的有益尝试，也是国家社会科学研究基金课题“以就业为导向的职业教育教学理论与实践研究”研究成果的具体应用之一。

如本套教材有不足之处，敬请各位专家、老师和广大同学不吝赐教。希望本套教材的出版，能为我国中等职业教育和机械产业的发展做出贡献。

2009 年 10 月

前言

FOREWORD

随着数控技术的迅速发展，数控车床基本操作、加工工艺分析、各种类型零件的编程与加工已融为一体，广泛应用于数控车削工艺与编程中。

本书以 24 个任务为载体，以项目化的形式介绍这八大项目的内容。学时可参考下表：

项　目	内　容	学　时
项目一	认识与操作数控车床	8
项目二	数控车削加工工艺分析	6
项目三	简单轴类零件加工编程	4
项目四	简单套类零件加工编程	4
项目五	成形面类零件加工编程	4
项目六	等螺距螺纹加工编程	4
项目七	零件综合加工编程训练	12
项目八	计算参数及应用	8
附　录	SEMENS 802D 与 802C/S 车床版指令系统对比	2
总　计		52

编者认真总结了多年的教学改革经验，从学生的实际与企业的需求出发，立足学生能力培养和学生为中心教学，将原来的老师教、学生学转变为教师主导下的学生自己做、自己学。本书具有以下几个特点：

1. 遵循学生的职业能力形成规律，坚持以任务为引领，采取任务驱动的形式培养学生数控车削工艺与编程能力，力求做到学做合一、理实一体。

2. 以工艺分析为主线，通过不同典型任务的学习来替代烦琐抽象的指令介绍，重点培养学生的技术应用能力，更好地满足企业岗位的需求。

3. 图文并茂，尽可能使用图片和表格展示各知识点与技能点，从而提高教材的可读性和学生的学习效率。

本书由徐晓俊担任主编。项目一、项目二、项目七、项目八、附录由徐晓俊编写，项目三、项目五由李金叶编写，项目四、项目六由薛建国编写。

本书由陈海滨主审，在编写过程中也得到江苏省武进职教中心校领导和课改小组成员的大力支持与帮助，对本书提出了许多宝贵的意见，在此表示衷心的感谢！

限于编者学识水平和经验，加之时间仓促，书中难免有错漏之处，请各位专家、老师和广大读者不吝指正。

编　者

2010 年 6 月

目录

CONTENTS

项目一 认识与操作数控车床

随着机电一体化技术的迅猛发展，产品的更新换代越来越快、生产批量越来越小、生产周期也变得越来越短，但是产品的精度越来越高。为满足以上要求，在现代机械制造业中，数控机床的使用已越来越广泛，特别是数控车床以其低廉的价格、优良的性能，在各制造行业中应用最为广泛，并有取代普通车床的趋势。因此，熟练掌握数控方面的专业技术已成为当代机械类技术工人的必备能力。

学习相关知识

（一）数控加工与数控编程

1. 数控加工的定义

数控加工是指在数控机床上自动加工零件的一种工艺方法。数控加工的实质是数控机床按照事先编制好的加工程序并通过数字控制过程，自动完成零件的加工。

2. 数控加工的内容

一般来说，数控加工流程如图 1–1 所示，主要包括以下几方面的内容：

（1）分析图样，确定加工方案

对所要加工的零件进行技术要求分析，选择合适的加工方式，再根据加工方式选择合适的数控加工机床。

（2）工件的定位与装夹

根据零件的加工要求，选择合理的定位基准，并根据零件批量、精度及加工成本选择合适的夹具，完成工件的装夹与找正。

（3）刀具的选择与安装

根据零件的加工工艺性与结构工艺性，选择合适的刀具材料与刀具种类完成刀具的安装与对刀，并将对刀所得参数正确设定在数控系统中。

（4）编制数控加工程序

根据零件的加工要求，对零件进行编程，并经初步校验后，将这些程序通过控制介质或手工方式输入机床数控系统。

（5）试切削、试运行并校验数控加工程序

对所输入的程序进行试运行，并进行首件试切削。试切削一方面用来对加工程序进行最后的校验，另一方面用来校验工件的加工精度。

（6）数控加工

当试切的首件经检验合格并确认加工程序正确无误后，便可进入数控加工阶段。

（7）工件的验收与质量误差分析

工件入库前，先进行工件的检验，并通过质量分析找出误差产生的原因，提出纠正误差的措施。

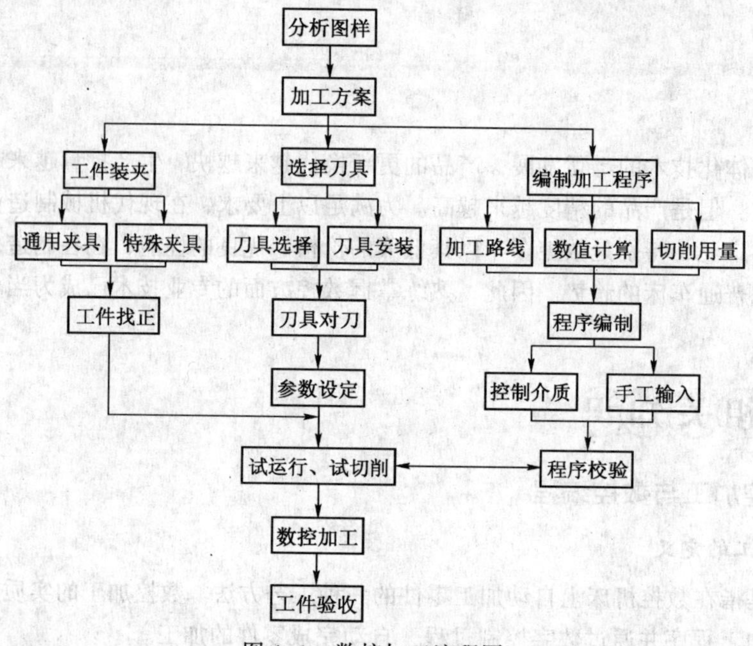

图 1–1　数控加工流程图

3．数控编程的定义

为了使数控机床能根据零件加工的要求进行操作，必须将这些要求以机床数控系统能识别的指令形式告知数控系统，这种数控系统可以识别的指令集称为程序，制作程序的过程称为数控编程。

数控编程的过程不仅仅指编写数控加工指令的过程，它包括从零件分析开始，经编写加工指令到制成控制介质以及程序校验的全过程。在编程前，首先要进行零件的加工工艺分析，确定加工工艺路线、工艺参数、刀具的运动轨迹、位移量、切削参数以及各项其他功能，如换（转）刀、主轴正反转及停止、切削液开关等；然后，根据数控机床规定的指令及程序格式，编写加工程序单；再将程序单中的内容记录在控制介质上（如软盘、移动存储器、硬盘），并经检查无误后，采用手工输入方式或计算机传输方式输入机床的数控装置中，从而指挥机床加工零件。

4．数控编程的内容与步骤

数控编程的步骤如图 1–2 所示，其内容主要有以下几个方面：

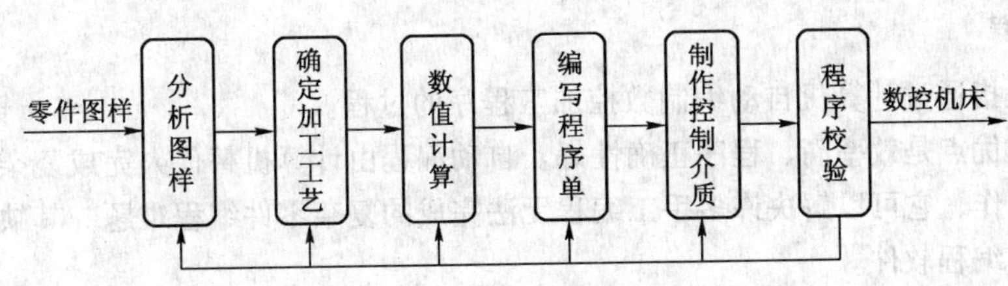

图 1-2　数控编程的步骤

（1）分析零件图样

零件轮廓分析，零件尺寸精度、几何精度、表面粗糙度、技术要求的分析，零件材料、热处理等要求的分析。

（2）确定加工工艺

选择加工方案，确定加工路线，选择定位与夹紧方式，选择刀具，选择各项切削参数，选择对刀点、转刀点等。

（3）数值计算

选择编程坐标系原点，对零件轮廓上各基点或节点进行准确的数值计算，为编写加工程序单做好准备。

（4）编写加工程序单

根据数控机床规定的指令及程序格式编写加工程序单。

（5）制作控制介质

简单的数控加工程序，可直接通过键盘进行手工输入。当需要自动输入加工程序时，必须预先制作控制介质。现在大多数程序采用软盘、移动存储器、硬盘作为存储介质，采用计算机传输进行自动输入。目前，老式的穿孔纸带已很少使用。

（6）程序校验

加工程序必须经过校验并确定无误后才能使用。程序校验一般采用机床空运行的方式进行，有图形显示功能的机床可直接在 CRT 显示屏上进行校验，另外还可采用计算机数控模拟等方式进行校验。

重要提示

对于数值计算，简单的零件轮廓一般采用三角函数等方法直接求得，复杂的零件轮廓则可采用 CAD、CAXA 等绘图软件来找点的坐标。

（二）数控编程分类

数控编程可分为手工编程和自动编程两类。

1．手工编程

手工编程是指所有编制加工程序的全过程，即图样分析、工艺处理、数值计算、编写程序单、制作控制介质、程序校验都是由手工来完成。

手工编程不需要计算机、编程器、编程软件等辅助设备，只要有合格的编程人员即可完成。手工编程具有编程简便、及时的优点，但其缺点是不宜对复杂曲线或三维曲面轮廓进行编程。手工编程比较适合批量较大、形状简单、计算方便、轮廓由直线或圆弧组成的零件的加工。对于形状复杂的零件，特别是具有非圆曲线、列表曲线及三维曲面的零件，采用手工编程则比较困难。

2．自动编程

自动编程是指通过计算机自动编制数控加工程序的过程。

自动编程的优点是效率高、程序正确性好。自动编程由计算机替代人完成复杂的坐标计算和书写程序单的工作，它可以解决许多手工编程无法完成的复杂零件编程难题。其缺点是必须具备自动编程系统或编程软件。

实现自动编程的方法主要有语言式自动编程和图形交互式自动编程两种。前者是通过高级语言的形式表示出全部加工内容，计算机采用批处理方式，一次性处理、输出加工程序；后者是采用人机对话的处理方式，利用 CAD/CAM 功能生成加工程序。

CAD/CAM 软件编程与加工过程：图样分析、工艺分析、三维造型、生成刀具轨迹、后置处理生成加工程序、程序校验、程序传输并进行加工。

当前常用的数控车床自动编程软件有：MasterCAM 数控车床编程软件、CAXA 数控车床编程软件等。

（三）数控车床及编程特点

1．数控车床

（1）数控车床的定义

数控机床是指采用数控技术进行控制的机床。数控机床按用途进行分类，用于完成车削加工的数控机床称为数控车床。通常情况下也将以车削加工为主并辅以铣削加工的数控车削中心归类为数控车床。图 1–3 所示为水平床身经济型数控车床。

（2）数控车床的组成

如图 1–3 所示，数控车床主要由车床本体和数控系统两大部分组成。车床本体由床身、主轴、滑板、刀架、冷却装置等组成；数控系统由程序的输入/输出装置、数控装置、伺服驱动 3 部分组成。

（3）数控车床的床身布局

数控车床的床身布局分为水平床身和倾斜床身两类。

水平床身经济型数控车床（见图 1–3）的加工工艺性好，由于刀架水平放置，提高了刀架的运动精度，这类机床的缺点是刚性较差、排屑较困难。

倾斜床身全功能型数控车床（见图 1–4）具有刚性好、外形美观、结构紧凑、排屑容易、便于操作和观察的优点，这类机床的缺点是，当其床身的倾斜角度较大时，会影响导轨的导向性和受力状况。

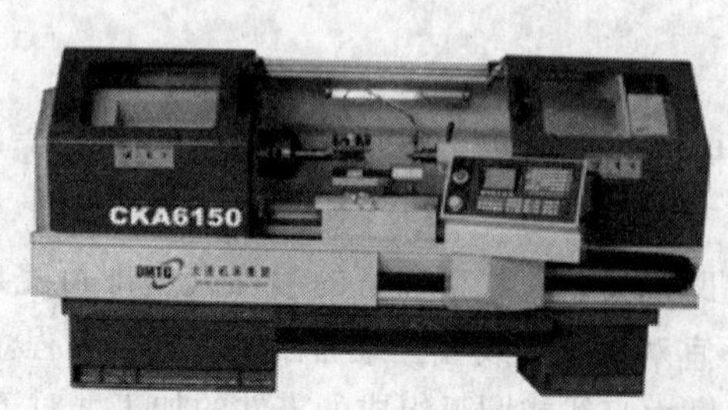

图 1–3　水平床身经济型数控车床

图 1–4　倾斜床身全功能型数控车床

2．数控车床的分类

根据使用功能数控车床主要分为经济型数控车床、全功能型数控车床以及车削中心等。

（1）经济型数控车床

经济型数控车床是以配备经济型数控系统为特征，并基于普通车床进行数控改造的产物。常采用开环或半闭环伺服系统控制，主轴较多采用变频调速，机床结构与普通车床相似。

（2）全功能型数控车床

全功能型数控车床一般采用后置砖塔式刀架，可装刀具数量较多；主轴为伺服驱动；车床采用倾斜床身结构，便于排屑；数控系统的功能较多，可靠性较好。

（3）车削中心

车削中心（见图 1-5）的特点是：除具有数控车削加工功能外，车削中心还采用了动力刀架，并可在刀架上安装铣刀等回转刀具，该刀架具备动力回转功能。其次，车削中心还具有 C 轴功能。当动力刀具启用后，主轴旋转运动成为进给运动，刀具旋转变成了主运动。车削中心的刀架容量一般较大，部分车削中心还带有刀库和自动换刀装置。

图 1-5　车削中心

3．数控车床的编程特点

（1）在一个程序段中，根据图样上标注的尺寸，可以采用绝对方式或增量方式编程，也可采用两者混合编程。在 SIEMENS（西门子）系统中用 G90/G91 指令来指定绝对尺寸与增量尺寸，而在某些数控系统（如 FANUC）中，则规定直接用地址符 U、W 分别指定 X、Z 坐标轴上的增量值。

（2）由于被车削零件的径向尺寸在图样标注和测量时，均采用直径尺寸表示，所以在直径方向编程时，X（U）均以直径量表示。

（3）为提高工件的径向尺寸精度，X 向的脉冲当量取 Z 向的 1/2。

（4）由于车削加工时常用棒料或锻料作为毛坯，加工余量较多。为了简化编程，数控系统采用了不同形式的固定循环，便于进行多次重复循环切削。

（5）在数控编程时，常将车刀刀尖看做一个点，而实际的刀尖通常是一个半径不大的圆弧。为了提高工件的加工精度，在编制采用圆弧形车刀的加工程序时，常采用 G41 指令或 G42 指令来对车刀的刀尖圆弧半径进行补偿。

（四）常用车床数控系统

1．FANUC 数控系统

FANUC 数控系统由日本富士通公司研制开发。目前在中国市场上，应用于车床的数控系统主要有 FANUC 18i–TA/TB、FANUC 0i–TA/TB、FANUC 0–TD 等。FANUC 0i–TA 数控车床系统操作界面如图 1-6 所示。

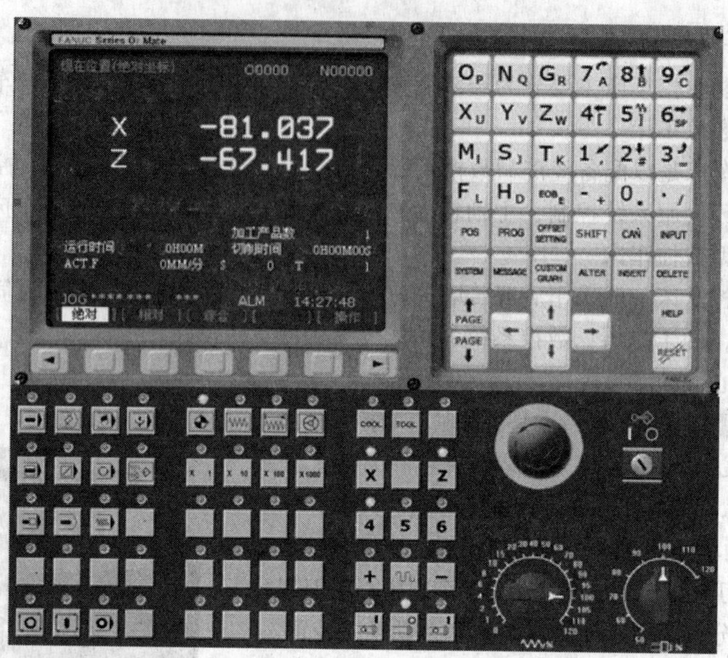

图 1-6　FANUC 0i-TA 数控车床系统操作界面

2．SIEMENS 数控系统

SIEMENS 数控系统由德国西门子公司开发研制，该系统在我国的数控机床中的应用也相当普遍。目前，在我国市场上，常用的数控系统除 SIEMENS 840D/S、SIEMENS 810T/M 等型号外，还有专门针对我国市场而开发出来的，并在南京生产的车床数控系统 SIEMENS 802S/C base line、802D 等型号。其中，802S 系统采用步进电机驱动，802C/D 系统则采用伺服驱动，802 系列数控系统的各种型号均有分别适用于车削加工或铣削加工的产品。SIEMENS 802D 数控车床系统操作界面如图 1-7 所示。

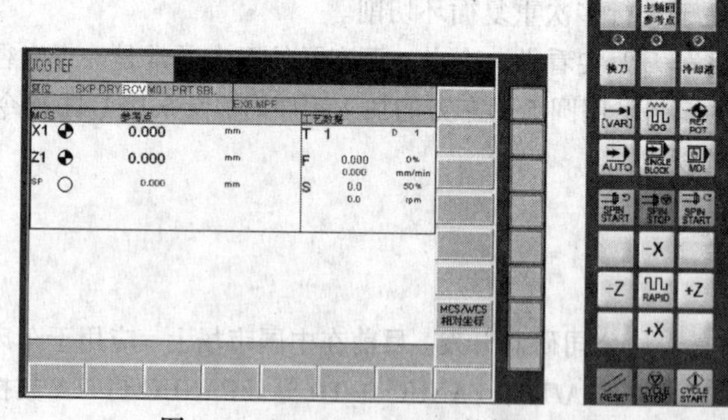

图 1-7　SIEMENS 802D 数控车床系统操作界面

3．国产系统

自 20 世纪 80 年代初期开始，我国数控系统生产与研制得到了飞速的发展，并逐步形成了航天数控集团、机电集团、华中数控、蓝天数控等以生产普及型数控系统为主的国有企业，以及北京法那科、西门子数控（南京）有限公司等合资企业。目前，常用于车床的数控系统有广州数控系统，如 GSK928T、GSK980T 等；华中数控系统，如 HNC-21T 等；北京航天数控系统，如 CASNUC 2100 等；南京仁和数控系统，如 RENHE-32T/90T/100T 等以及成都广泰数控系统，如 GTC2B/2C 等。

国产数控系统目前在经济型数控车床中运用较多，这类数控系统的共同特点是编程与操作方便、性价比高、维修简便。

4. 其他系统

除了以上 3 类主流数控系统外，国内使用较多的数控系统还有日本三菱数控系统、大森数控系统、法国施耐德数控系统、西班牙的法格数控系统和美国 A-B 数控系统等。这类数控系统的编程均可分别参照 FANUC 或 SIEMENS 系统的规定进行。

（五）数控车床坐标系的建立

1. 机床坐标系

（1）机床坐标系的定义

在数控机床上加工零件，机床的动作是由数控系统发出的指令来控制的。为了确定刀架（工件）的运动方向和移动距离，就要在机床上建立一个坐标系，这个坐标系就称为机床坐标系，它是一个标准坐标系。

（2）机床坐标系的规定

数控车床的加工操作主要分为刀具的运动和工件的运动两部分。因此，在确定机床坐标系的方向时规定：永远假定刀具相对于静止的工件运动。

数控机床的坐标系采用符合右手定则规定的笛卡儿坐标系（见图 1-8）。对于机床坐标系的方向，统一规定增大工件与刀具间距离的方向为正方向。图 1-8 左图所示大拇指的方向为 X 轴的正方向，食指指向 Y 轴的正方向，中指指向 Z 轴的正方向。图 1-8 右图则规定了转动轴 A、B、C 转动的正方向。对工件旋转的主轴（如车床主轴），其正转方向（$+C'$）与$+C$ 方向相反。对前置刀架式各类车床，现称的正转，按标准应为反转（$-C'$），其正转系指习惯上的俗称。

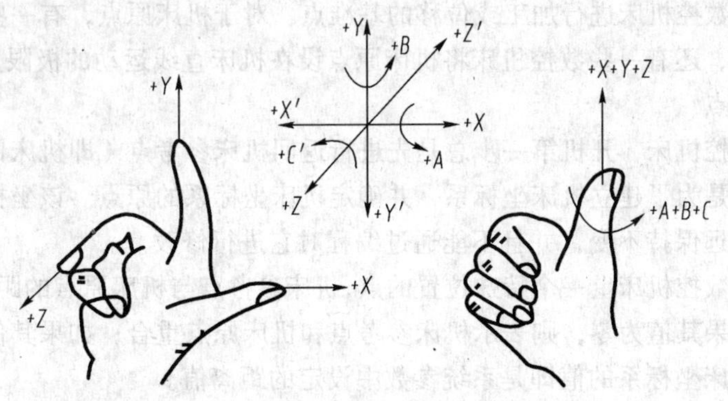

图 1-8　右手笛卡儿坐标系

（3）机床坐标系的方向

- Z 坐标方向　Z 坐标的运动由主要传递切削动力的主轴所决定。对任何具有旋转主轴的机床，其主轴及与主轴轴线平行的坐标轴都称为 Z 坐标轴（简称 Z 轴）。根据坐标系正方向的确定原则，刀具远离工件的方向为该轴的正方向。

- X坐标方向　X坐标一般为水平方向并垂直于Z轴。对工件旋转的机床（如车床），X坐标方向规定在工件的径向上且平行于车床的横导轨，同时也规定其刀具远离工件的方向为X轴的正向。
- Y坐标方向及确定各轴的方法　Y坐标垂直于X轴、Z轴。按照右手笛卡儿坐标系确定机床坐标系中各坐标轴时，应根据主轴先确定Z轴，然后再确定X轴，最后确定Y轴。数控车床坐标系如图1–9、图1–10所示。

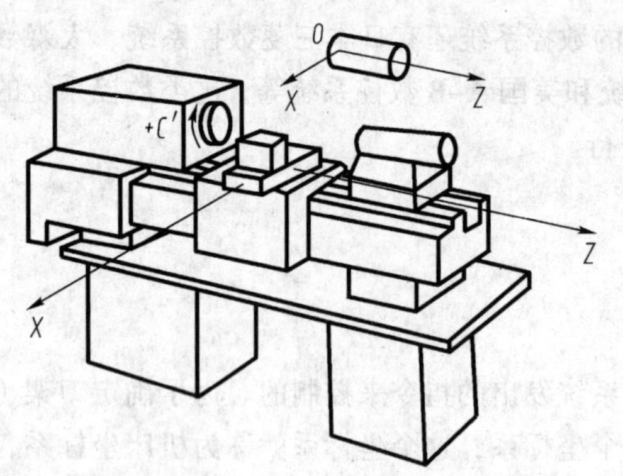

图1–9　水平床身前置刀架式数控车床的坐标系

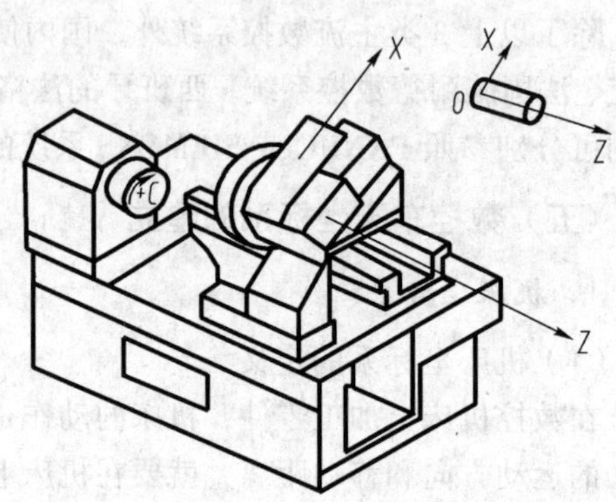

图1–10　倾斜床身后置刀架式数控车床的坐标系

- 旋转轴方向　旋转坐标A、B、C对应表示其轴线分别平行于X轴、Y轴、Z轴的旋转坐标。A、B、C坐标的正方向分别规定，在沿X、Y、Z坐标正向并按照右旋螺纹旋进的方向，如图1–8所示。

2．机床原点、机床参考点

（1）机床原点

机床原点（亦称为机床零点）是机床上设置的一个固定点，用以确定机床坐标系的原点。它在机床装配、调试时就已设置好，一般情况下不允许用户进行更改。

机床原点又是数控机床进行加工或位移的基准点。对于机床原点，有一些数控车床将机床原点设在卡盘中心处，还有一些数控机床将机床原点设在机床直线运动的极限点附近。

（2）机床参考点

对于大多数数控机床，开机第一步总是先进行返回机床参考点（即机床回零）的操作。开机回参考点的目的就是为了建立机床坐标系，并确定机床坐标系的原点。该坐标系一经建立，只要机床不断电，将永远保持不变，并且不能通过编程对它进行修改。

机床参考点是数控机床上一个特殊位置的点，机床参考点与机床原点的距离由系统参数设定，其值可以是零。如果其值为零，则表示机床参考点和机床原点重合；如果其值不为零，则机床开机回零后显示的机床坐标系的值即是系统参数中设定的距离值。

机床上除设立了参考点外，还可用参数来设定第2、3、4参考点，设立这些参考点的目的是为了建立一些固定的点，在这些点处数控机床可以执行诸如转刀等特殊动作。

机床参考点与机床原点的关系如图1–11所示，机床参考点必定位于数控机床的行程范围内。

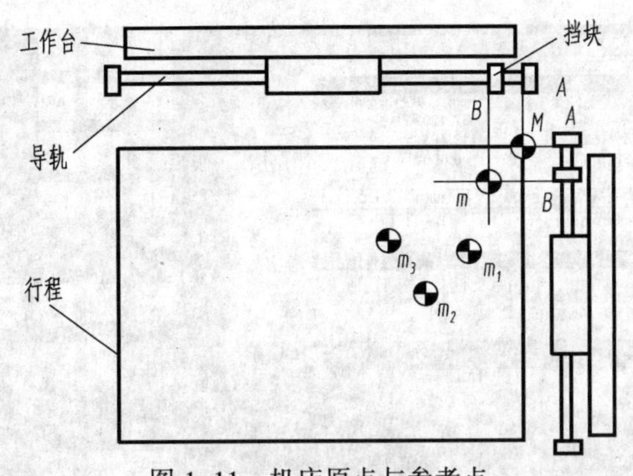

图 1-11　机床原点与参考点

A—极限位置；*B*—距 *A* 点位置；*M*—机床原点；*m*—参考点；m_1—第二参考点；m_2—第三参考点；m_3—第四参考点

3．工件坐标系

（1）工件坐标系

机床坐标系的建立保证了刀具在机床上的正确运动。但是，加工程序的编制通常是针对某一工件并根据零件图样进行的。为了便于尺寸计算与检查，加工程序的坐标原点一般都尽量与零件图样的尺寸基准相一致。这种针对某一工件并根据零件图样建立的坐标系称为工件坐标系（亦称编程坐标系）。

（2）工件坐标系原点

工件坐标系原点亦称编程原点，该点是指工件装夹完成后，选择工件上的某一点作为编程或工件加工的基准点。

数控车床工件坐标系原点的选取如图 1-12 所示。*X* 向一般选在工件的回转中心，而 *Z* 向一般选在完工工件的右端面（*O* 点）或左端面（*O′*点）。采用左端面作为 *Z* 向工件原点时，有利于保证工件的总长；而采用右端面作为 *Z* 向工件原点时，则有利于对刀。

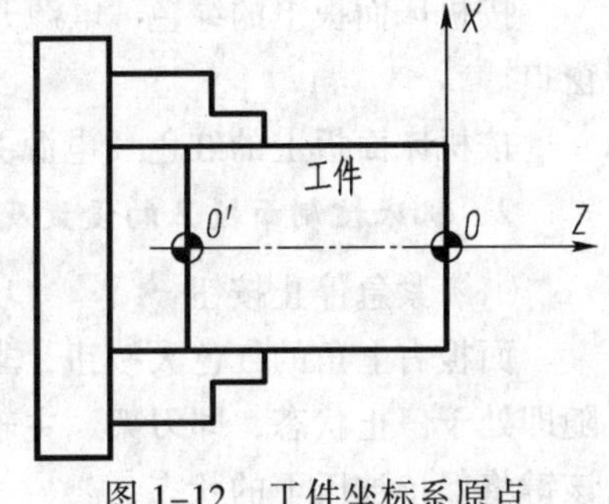

图 1-12　工件坐标系原点

进行系统操作

任务 1-1　SIEMENS 系统及车床的操作

一、机床面板及功能介绍

1．机床控制面板 1 的设置及作用

本书以配备 SIEMENS 802S 系统为例，介绍有关内容。图 1-13 所示为 SIEMENS 802S 数控车床面板。

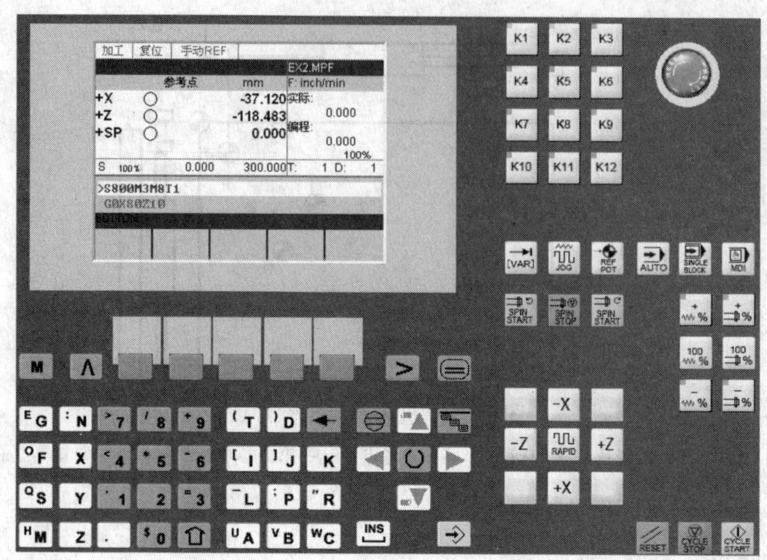

图 1-13　SIEMENS 802S 数控车床面板

（1）机床电器柜电源开关

一般位于机床的侧面，开关向上扳到 ON 位置为电源闭合，开关向下扳到 OFF 位置为电源断开。

（2）系统电源开关

按机床面板上的绿色“电源开”按钮，接通系统电源，正常通电以后，屏幕显示“回参考点”窗口。

按机床面板上的红色“电源关”按钮，系统电源关闭，机床停止动作。

2．机床控制面板 2 的设置及作用

（1）紧急停止按钮

面板右上角的红色大按钮，非常醒目。在任何方式、任何时候，按下该键，机床及 CNC 装置随即处于停止状态，即刀架、主轴停止运动，驱动指示灯熄灭，同时在屏幕上出现 003000 报警。该键将保持被压下的状态。

要消除急停状态，可按如下操作：

① 沿顺时针方向转动按钮，使按钮向上弹起。

② 按复位 RESET 键，消除 003000 报警。

③ 按“报警应答”键，消除 700016 报警。

④ 按“回参考点”键。

（2）进给速度倍率修调按钮

该按钮可以控制 *X* 轴和 *Z* 轴进给的快慢（在 0～120%变换）。该旋钮指向 0 时，其轴无法运动，并显示轴进给值为 0。

（3）程序运行控制按钮（见图 1-14）

“复位”键：不论系统处于何种状态，按该键可以使系统复位。这时，正在运行的加工程序被中断。许多机床出现报警时，也可通过按该键消除其报警。

“循环暂停”键：当零件加工程序正在运行时，按该键可以使加工程序暂时停止运动，再按“循环启动”键，即可恢复程序的运行。

"循环启动"键：在自动方式或 MDI 方式下，按该键可以启动加工程序的运行。

（4）点动与快进键

"点动"键共 4 个（见图 1–15），并兼有移动坐标轴及其方向选择功能，它们是：+*X*、–*X*、+*Z*、–*Z*。

在手动或回参考点方式下，按点动键，可以控制刀架进行点动或连续移动。如按"+X"键，可以使刀架向 *X* 轴正向移动。但在自动或手动数据输入方式下，按点动键将不起任何作用。

图 1-14　程序运行控制按钮

图 1–15　点动与快进键

（5）"快速运行"键

手动运行时，按住某轴点动键的同时按住"快速运行"键，即可加快刀架的移动速度。

（6）主轴功能键

在手动或回参考点方式下，可以使机床主轴正转、反转、停转（见图 1–16）。

（7）运行方式选择键

① JOG 运行方式（手动方式）；

② MDI 运行方式（手动数据输入方式，面板按键位 MDA）；

③ AUTO 运行方式（自动方式）。

以上 3 种运行方式（见图 1–17）的具体说明详见本节的机床操作部分。

图 1–16　主轴功能键

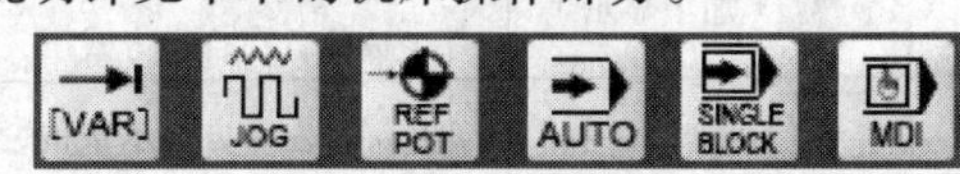

图 1–17　模式选择按钮

（8）"增量选择"键

在手动方式下，反复按该键，可以使机床在手动与增量之间切换。在增量方式下，每按一次 *X* 轴或 *Z* 轴点动按钮，刀架向相应方向移动相应步长（见图 1–18）。

"1INC"表示增量步长为 0.001 mm。同理，"10INC"表示增量步长为 0.01 mm，以次类推。

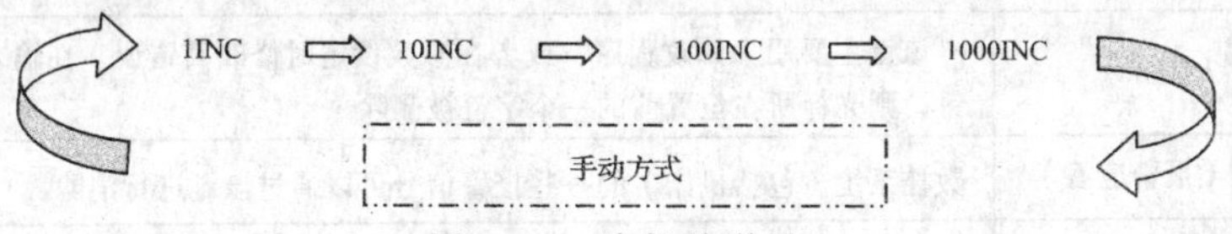

图 1–18　步长的增量

（9）"回参考（零）点"键

按该键，系统进入回参考点方式（手动 REF 方式）。在这种方式下，机床可以回参考点。

（10）"单段方式"键

在 AUTO 或 MDI 运行方式下，按该键，系统可在单段运行（屏幕右上角显示 SBL）和连续运行（屏幕右上角不显示 SBL）之间进行切换。

二、数控系统操作面板及功能介绍

SIEMENS 802S 两种型号的数控系统，其操作面板完全一样（见图 1–19），各操作键的功能见表 1–1 所示。

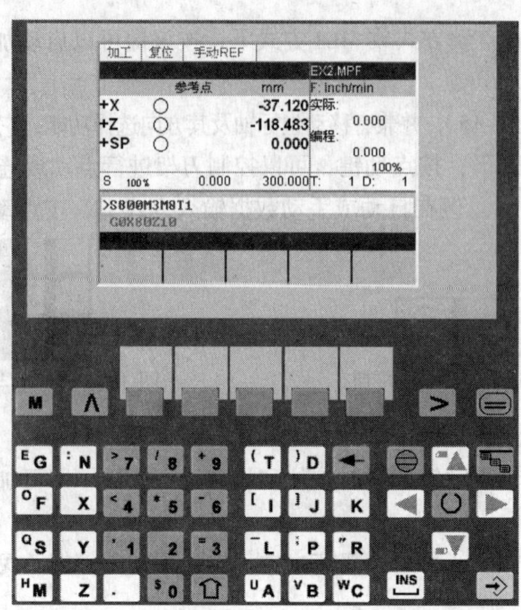

图 1-19 SIEMENS 802S 系统操作面板

表 1-1 SIEMENS 802S 系统操作面板按键功能

序 号	功 能 键	功 能
1	M（加工显示）	不管屏幕当前显示的内容为何，该按键后，均可显示当前加工位置的机床坐标值/工件坐标值。在自动方式下，可显示正在执行的程序段和将要执行的程序段
2	Λ（返回）	如果屏幕左下方显示该键，表示按该键可以返回到当前菜单的上一级菜单处
3	EG（字母）	可输入字母 A～Z。若同时按“上挡”键，则输入左上角规定的字母或字符
4	+9（数字）	可输入数字 0～9。若同时按“上挡”键，则输入左上角规定的符号
5	>（扩展）	如在某一菜单的同一级有超过 5 项的内容时，在屏幕右下方显示该键符号，按该键可以看到同级菜单的其他内容
6	（区域转换）	用该键可以在任何区域内返回主菜单，再连续按两次，则返回到前面的操作区
7	←（删除）	该键主要用来修改程序，或者在参数设定时修改其错误。在输入数据时，按一次该键，则光标所在位置前的一个字符被删除
8	（报警应答）	数控系统（包括机床）的一些报警信号可以通过该键进行消除
9	（垂直菜单）	当出现垂直菜单的提示符时，按该键，可出现一垂直菜单，选择相应的内容，可方便地输入一些特定的内容，如编程时输入 GOTOB、LCYCL 或者 SIN 等
10	（光标/翻页）	按该键则光标向上移动一行，若同时按“上挡”键则向上翻页 按该键则光标向下移动一行，若同时按“上挡”键则向下翻页 按该键光标向左移动一个字符 按该键光标向右移动一个字符
11	→（回车）	按该键，对输入的内容进行确认；编程时，按该键，光标另起一行
12	INS（空格）	按该键，则在光标处输入一个空格
13	⇧（上挡）	按住该键，再同时按双字符键，则将双字符键左上角上对应的字符输入到操作区

三、SIEMENS 802S 系统屏幕划分

SIEMENS 802S 系统屏幕，如图 1-20 所示。

① 当前操作区域有 5 类，即加工、参数、程序、通信和诊断。需进入不同的操作区时，首先按“区域转换”键，返回主菜单，再选择相应的软键即可。

② 程序状态有程序停止、程序运行和程序复位 3 种。

③ 运行方式有手动方式（JOG）、手动数据输入方式（MDI）和自动方式（AUTO）3 种。

④ 在自动运行操作过程中，按键选择对应的软键可以对操作状态进行控制，状态显示的符号如图 1-21 所示，符号含义见表 1-2 所示。

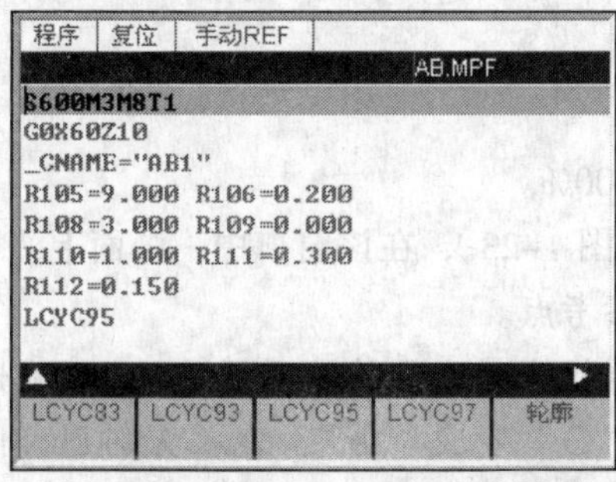

图 1-20　SIEMENS 802S 系统屏幕

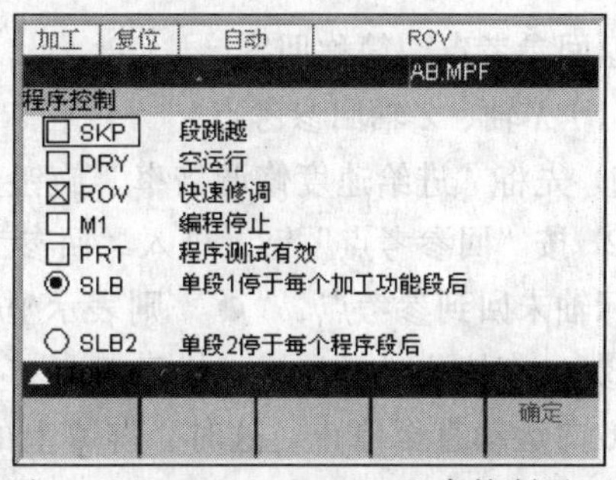

图 1-21　SIEMENS 802S 程序控制界面

表 1-2　状态显示符号及含义

序　号	符　号	含　义
1	SKP	程序段跳跃：跳跃的程序段在其段号之前用一斜线表示，这些程序段在程序运行时将跳过不执行
2	DRY	空运行：坐标轴在运行时将执行其设定的数据“空运行进给速度”中规定的进给值
3	ROV	快速修调：“进给速度修调倍率”旋钮对于快速运行也有效
4	SLB	单段运行（此功能只有处于程序复位状态时才可选择）：每个程序段逐段解码，每段结束时有一暂停（没有空运行进给的螺纹程序段除外）
5	M1	暂停有效：当程序运行到有 M1 指令的程序段时暂停运行，此时屏幕显示“5 停止 M00/M01 有效”，可以按“循环启动”键继续程序的运行
6	PRT	程序测试有效：主要用于空运行时检测程序，程序运行时 X 轴、Z 轴无动作
7	1～1000	步进增量：在 JOG 运行方式下，选择增量进给时的增量单位

四、机床操作

1．开机流程

① 检查机床和 CNC 系统各部分初始状态是否正常。

② 将机床侧面电器柜上的电源开关向上扳到 ON 位置，接通机床电源。

③ 按下机床面板上的绿色“电源开”按钮，数控系统开始启动，系统引导内容完成后，显示如图 1-22 所示的开机画面。

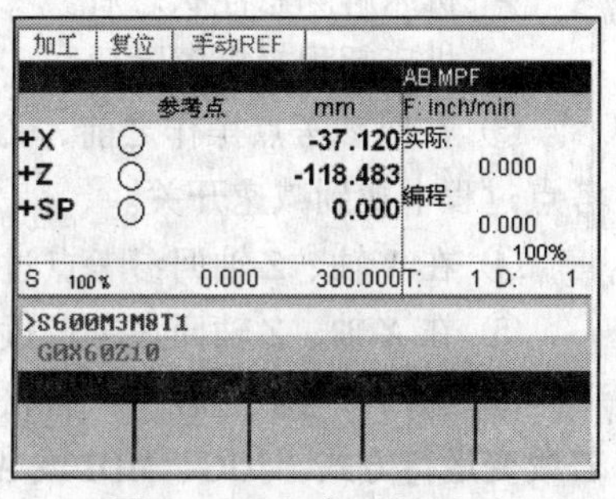

图 1-22　机床开机画面

④ 如屏幕右上角闪烁 003000 报警信号，则按键，

003000 报警信号取消，系统复位。

⑤ 如屏幕右上角闪烁 700016 报警信号，则按下“驱动”按钮，700016 报警取消，驱动指示灯亮。至此，开机过程结束，屏幕为“回参考点”窗口，接下来就可进行返回参考点操作。

重要提示

若按下“复位”键无反应，则应检查一下“急停”按钮是否被按下，如被按下，只需顺时针转动急停按钮，使按钮向上弹起，然后执行开机流程中第 4、5 项操作即可。

2. 返回参考点

返回参考点，简称回零。

（1）*X* 轴、*Z* 轴回参考点

① 先将“进给速度修调倍率”旋钮上的箭头指向 100%。

② 按“回参考点”键，进入“回参考点”窗口（见图 1-23），在该窗口中，画面上“○”表示坐标轴未回到参考点，“◕”则表示坐标轴已经返回参考点。

③ 一直按住“+X”键，使刀架向 *X* 轴正向移动，当机床减速开关被压下后，刀架减速并向相反方向运动直至停止。这时，屏幕上的 *X* 轴图标由“○”变成“◕”，表示 *X* 轴已经回到参考点。

④ 按照同样的方法，使 *Z* 轴返回参考点。

⑤ 选择 JOG（即手动）运行方式，结束回参考点状态，并按住“–X”、“–Z”键，使刀架回移，离开机床的极限位置。

（2）SP（主）轴回参考点

采用手动运行方式转动卡盘，使 SP 轴回参考点（如机床无角度测量功能，SP 轴可不回参考点）。所有轴回参考点后，屏幕显示如图 1-23 所示画面。

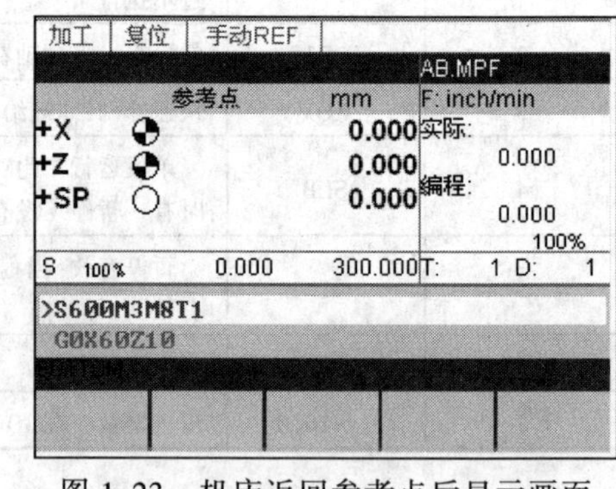

图 1-23　机床返回参考点后显示画面

（3）回参考点时的注意事项

① 开机后，首先应进行机床回参考点操作，机床坐标系的建立必须通过该操作来完成。

② 即使机床已经回过参考点，如出现下列 3 种情况时，必须重新进行回参考点操作。

- 机床断电后重新接通电源。
- 机床解除急停状态后。
- 机床超程报警解除后。

③ 在回参考点操作之前，刀架通常应位于减速开关盒负限位开关之间，以使机床在返回参考点过程中找到减速开关。

④ 在 *X* 轴、*Z* 轴回参考点过程中，如果选择了错误的回参考点方向，刀架则不会移动。

⑤ 在 *X* 轴、*Z* 轴回参考点过程中，注意不要发生任何碰撞。

⑥ 在回参考点过程中，若松开了 *X* 轴或 *Z* 轴正向“点动”键，机床则会停止动作。这时，若改变运行方式（JOG、MDI 或 AUTO），系统将显示 016907 报警。按“复位”键或“报警应答”

键，即可消除其报警信号。

⑦ 当刀架已减速并向相反方向运动时，松开 X 轴或 Z 轴正向“点动”键，则机床停止运动，并显示 020005 报警，表示回参考点失败。按“复位”键即可消除其报警。然后再按住 X 轴或 Z 轴正向“点动”键，直到刀架运动完全停止。

3．关机流程

① 按“加工显示”键，回到主界面。

② 卸下工件和刀具。

③ 在 JOG 运行方式下，将刀架移动到安全位置。

④ 按下“电源关”按钮，关机床面板上的系统电源。

⑤ 关机床侧面的机床电器柜电源。

⑥ 清洁、保养工作。

4．JOG（手动）运行方式

按键返回主菜单，按键进入手动运行方式后，屏幕显示图 1-24 所示窗口。

在这种方式下，主要可以进行以下几种操作：

① 按任意一“点动”键可以使刀架沿相应的轴向移动；如同时按 X 轴、Z 轴正向“点动”键，则刀架向两个方向同时移动，只要按键不松开，相应坐标轴就一直保持移动。刀架移动速度可以通过“进给速度修调倍率”旋钮随时调节。

② 按住某轴“点动”键不松开，同时按“快速运行”键，可以使刀架沿该轴快速移动。

③ 按“增量选择”键，进入增量模式并选择步进增量后，每按一次“点动”键，刀架向相应方向移动一个步进增量，这种方式对精确调节坐标位置有较大帮助。按键结束增量模式，返回手动运行方式。

④ 在 JOG 窗口中，还可以按“手轮”软键进入手轮方式（见图 1-25）。

加工 复位 手动
AB.MPF
机床坐标 实际 再定位mm F: inch/min
+X -32.599 0.000 实际: 0.000
+Z -93.432 0.000 编程: 0.000
+SP 0.000 0.000 100%
S 100% 0.000 300.000 T: 1 D: 1
>S600M3M8T1
G0X60Z10
手轮 各轴进给 工件坐标 实际值放大

图 1-24　JOG 运动方式显示窗口

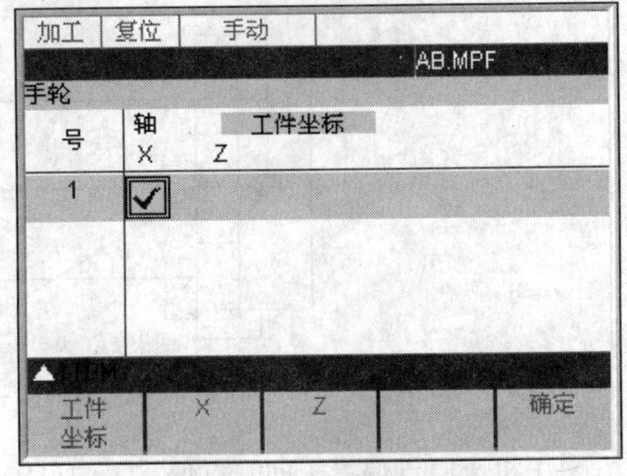

图 1-25　手轮窗口

选用手轮时，先用“光标/翻页”键定位到所选号，然后按“X”或“Z”软键，则在相应位置出现“√”消失。

⑤ 在这种运行方式下，还可以按“转刀”键进行手动转刀。但这种情况下的转刀，不调用刀具参数，屏幕上的刀具号也不会改变。例如，原来屏幕上显示的是 T1D1，虽手动转了 2 号刀，但屏幕上仍然显示原来的 T1D1。

5．MDI（手动数据输入）运行方式

在这种方式下，可以输入程序段并执行其内容。

先按 MDI 键进入手动数据输入运行方式，然后按“加工显示”键进入图 1–26 所示窗口。

如在 MDI 窗口的命令行中，输入 T2 并按“循环启动”键，刀架将自动转到 2 号刀位，系统同时自动调用相应的刀具参数，屏幕上的刀具显示也改成了 T2D1。该程序段执行完毕后，命令行中的内容仍然保留，并可重复执行，直至输入新的内容替换它。

在 MDI 方式下，不能加工由多个程序段描述的轮廓（如固定循环及倒圆、倒角等）。

加工 复位 MDA ROV
AB.MPF
机床坐标 实际 再定位mm F: inch/min
+X -32.599 0.000 实际:
+Z -93.432 0.000 0.000
+SP 0.000 0.000 编程:
0.000
100%
S 100% 0.000 300.000 T: 1 D: 1
S600M3
语言区放大 工件坐标 实际值放大

图 1–26 MDI 显示窗口

重要提示

MDI 运行方式的前提条件及安全锁定功能与自动方式（后叙）一样。

6．对刀操作与零点偏置的设定

对刀操作如图 1–27 所示，该机床的机床原点设在卡盘中心，当使用刀具长度补偿（即刀具偏移）作为设定工件坐标系的方法时，首先应将工件坐标系原点偏置设定为 0（工件原点偏置的设定方法及过程如下所述），然后再进行对刀操作。

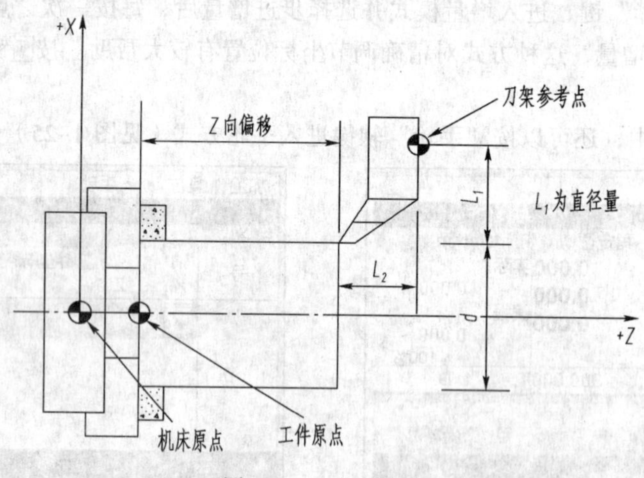

图 1–27 对刀操作

（1）机床原点偏置（即零点偏移）的设定

① 按▭键返回主菜单。

② 按“参数”功能键对应的软键进入 R 参数设置窗口（见图 1–28）。

③ 按“零点偏移”对应的软键，进入零点偏移窗口（见图 1–29）。

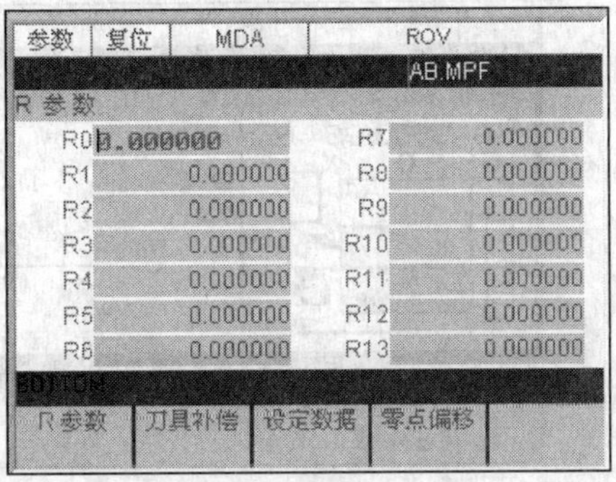

图 1-28　R 参数设置窗口

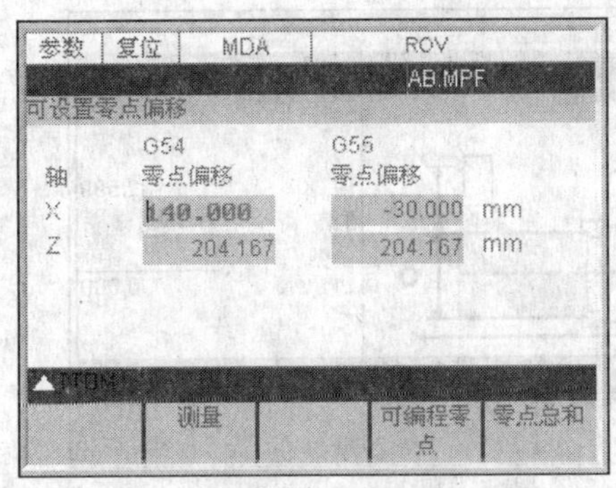

图 1-29　零点偏置窗口

④ 把光标移动待修改的输入区。

⑤ 输入数值“0”，按→键确认，如果不按→键，直接按▲键，则不确认零点偏置，返回上一级菜单。

⑥ 按▼键可以显示下一页零点偏置窗口 G56 或 G57 等，将其值设置为零。

（2）对刀操作及刀具补偿值的设置

假设刀架上装有 4 把刀，分别是 1 号外圆车刀，2 号螺纹车刀，3 号切断刀和 4 号内孔车刀。其对刀操作与刀具补偿参数设置过程如下：

① 在 JOG 运行方式下手动转刀　在 JOG 运行方式下，按“点动”键，调整刀架位置，以保证转刀安全。按“转刀”键，把 1 号刀转到当前位置。

② 在 MDI 运行方式下开主轴　在 MDI 运行方式下，输入“M03 S500”，接着按“循环启动”键，再根据屏幕提示将“高低挡扳手”往上扳到高速挡位置，然后按“换挡确认”键，使主轴按指令转速正转。

③ 第一把刀的对刀操作：

a. 在 JOG 运行方式下，车工件端面，车完端面后保持 Z 轴不动，刀架沿 $+X$ 方向退出。

b. 按“区域转换”键，返回主菜单，进入“参数”设置中的刀具补偿窗口（见图 1-30）。

c. 按“<<T”或“>>T”键调整刀具号，选择 T1。

d. 按“扩展”键，然后按“对刀”键，进入 X 轴对刀窗口（见图 1-31）。按“轴+”键，进入 Z 轴对刀窗口（见图 1-32）。

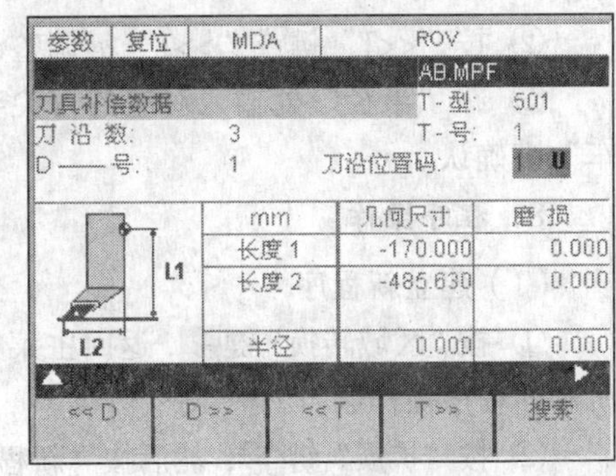

图 1-30　刀具补偿窗口

e. 直接按“计算”键，然后按“确认”键，系统自动计算出补偿值，并存入相应的刀补寄存器中。以上对刀时确定的工件坐标系原点在右端面上，如果工件坐标系原点在卡盘一侧的左端面上，则在偏置参数中输入工件长度后，再按“计算”、“确认”键。至此，1 号刀在 Z 方向的对刀完成。

f. 车工件外圆约 5 mm，然后保存 X 轴不动，沿 $+Z$ 方向退出。

g. 按“主轴停止”键，使工件停止旋转，用千分尺测量工件已加工表面直径。

h. 在 X 轴对刀界面（见图 1-31）输入测得的直径值。

i. 按“计算”键，然后按“确认”键，系统自动计算出补偿值，并存入相应的刀补寄存器中。至此，1 号刀在 X 向的对刀完成。

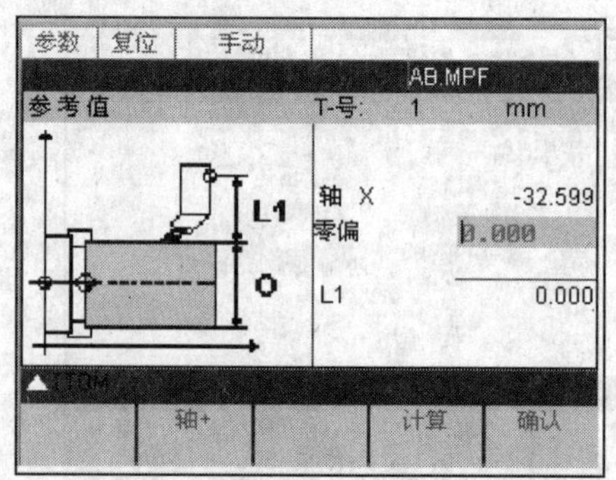

图 1-31 *X* 轴对刀窗口

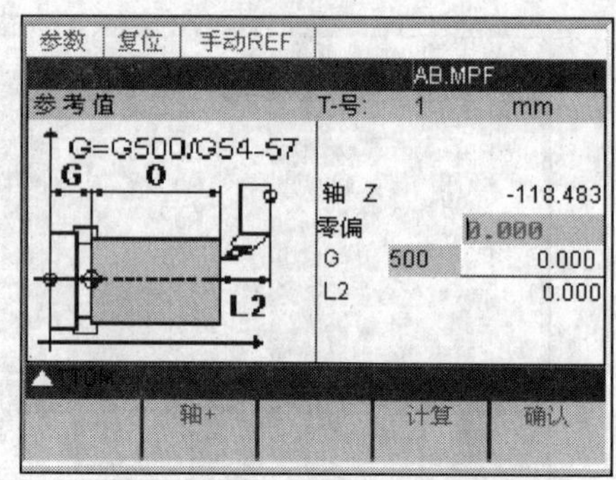

图 1-32 *Z* 轴对刀窗口

④ 其余刀具的对刀操作　其余刀具的对刀方法与第一把刀基本相同，不同之处在于 a 步和 f 步，可不再切削工件表面，而是将刀尖逐渐接近并分别接触到端面及外圆表面后，进行余下步骤的操作。

⑤ 对刀正确性校验　对刀结束后，为保证对刀的正确性，要进行对刀正确性的校验工作，具体步骤如下：

a. 在 MDI 方式下选刀，并调用刀具偏置补偿；

b. 在 POS 窗口下，手动移动刀具靠近工件，观察刀具与工件间的实际相对位置；

c. 对照屏幕显示的绝对坐标，判断刀具偏置参数设定是否正确。

7. 设置刀尖圆弧半径补偿值

① 按键，返回主菜单，按参数对应的软键，选择刀具补偿相应的软键，出现刀具补偿数据窗口（见图 1-30）。

② 按“<<T”键或“>>T”键调整刀具号。

③ 在“半径”处输入对应的刀尖半径值，按“回车”键确认。

8. 程序操作

（1）建立新程序

① 按“区域转换”键，返回主菜单，进入图 1-33 所示的程序操作区。

② 按“扩展”键>，然后按“新程序”键，屏幕中出现建立新程序窗口，在该窗口中输入新程序名，如 EX2。

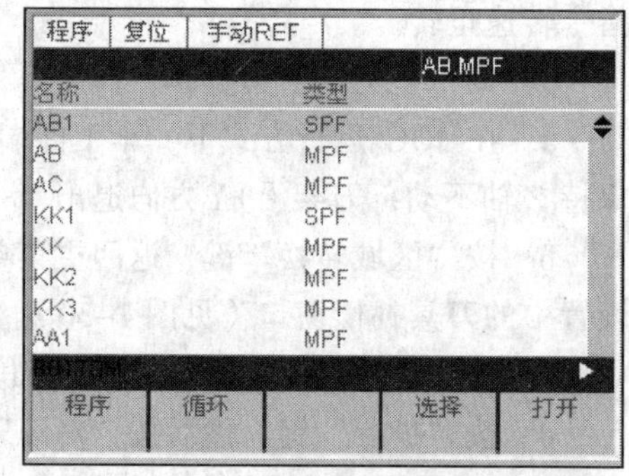

图 1-33　程序操作区画面

③ 按“确认”键，生成新程序名为 EX2 的主程序文件，自动转入程序编辑页面，即可进行程序的编辑操作。

（2）打开或删除原程序

① 按“区域转换”键，返回主菜单，进入图 1-33 所示的程序操作区。

② 移动光标键，移动到要打开或删除的程序名上。

③ 按“扩展”键，然后按“打开”键或“删除”键，即可完成该程序打开或删除操作。

（3）程序的输入与编辑

程序的输入与编辑窗口如图 1-34 所示，程序的编辑操作过程如下：

① 程序的输入。

例：EX2. MPF 回车；

S800 M3 M8 T1 回车；

G0 X80 Z10 回车；

选择“LCYC95”对应软键出现图 1-35 的对话框，填写相应参数；

……

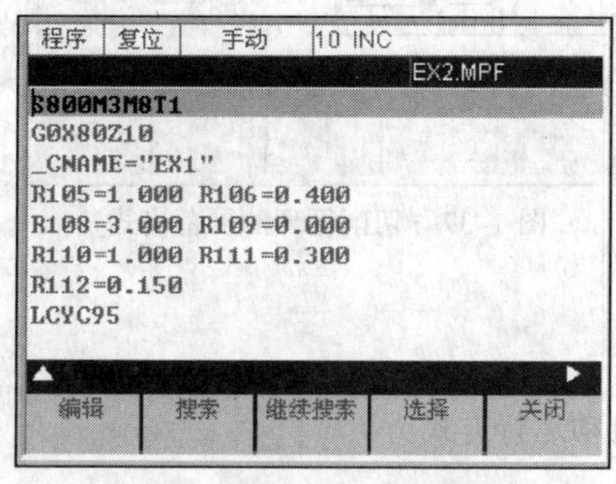

图 1-34 程序输入与编辑窗口

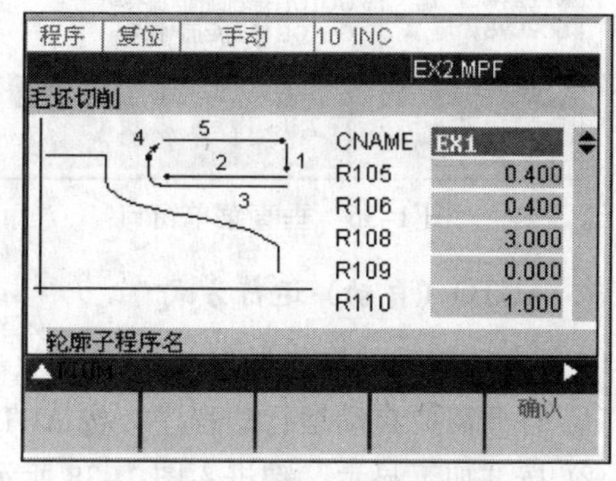

图 1-35 毛坯切削循环窗口

输入完成后，用“关闭”键结束程序的输入与编辑。

② 程序的编辑：如果发现程序中有个别字符错误，只需把光标定位到该字符的右侧，然后用“删除”键删除错误，再重新输入即可。

在“编辑”子菜单中，可以使用程序段的“标记”、“删除”、“复制”和“粘贴”功能。

在“搜索”子菜单中，可以对指定的文本或行号进行搜索定位。

③ 程序编辑时的注意事项：

a. 零件程序未处于执行状态时，方可进行编辑；

b. 如果要对原有程序进行编辑，可以在程序界面用光标选择待编辑的程序，然后选择“打开”，就可以进行编辑了；

c. 零件程序中进行的任何修改，均立即被存储。

④ 辅助编程：辅助编程有垂直菜单、循环和轮廓 3 种方式。

a. 垂直菜单：在程序编辑过程中可以通过“垂直菜单”，很方便地直接插入 NC 指令。

➢ 在程序编辑窗口，按垂直菜单，出现图 1-36 所示窗口。

➢ 将光标移到需要的指令行上面，按“回车”键确认后，即将指令行的内容输入到程序中，或者通过行号数字 1～7 选择相应的指令行，并输入到程序中。

b. 循环：加工循环可以在程序编辑窗口进行手动输入，但通过“屏幕格式”输入更直观、方便，也更容易保证其准确性。

➢ 在程序编辑窗口，选择“LCYC93”选项，进入图 1-37 所示的“屏幕格式”窗口。

➢ 通过图形和文本帮助，依次填写 R 参数。

➢ 按“确认”键，把该循环插入到程序中的当前光标处。

c. 轮廓：通过轮廓编程，可省去大量的基点计算工作。只需在屏幕格式中填入必要的参数后，即可快速、可靠的编制加工程序。

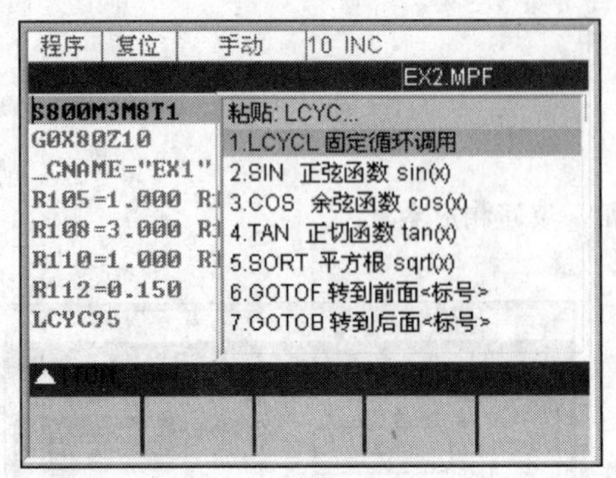

图 1-36 垂直菜单窗口

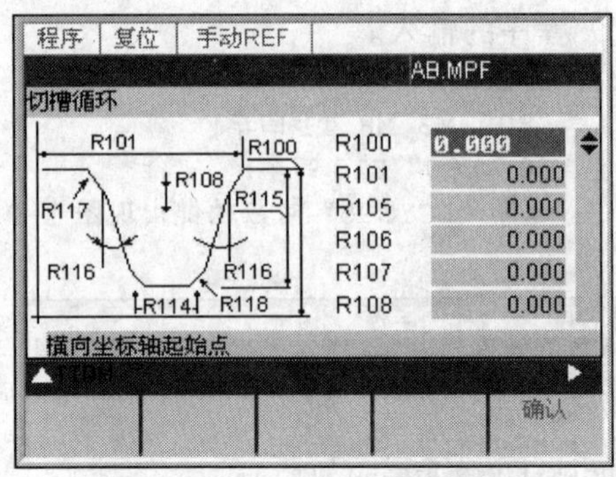

图 1-37 切削循环的屏幕格式

9．AUTO（自动）运行方式

（1）自动加工的操作过程

① 打开需要自动运行的程序，按 AUTO 键进入自动运行方式。

② 按“加工显示”键进入图 1-38 所示的窗口。

③ 按“循环启动”键，进入自动加工。

在加工过程中，不但可以通过 AUTO 窗口，观察到当前刀尖的坐标位置（机床/工件）、剩余行程、当前进给速度、主轴转速和当前刀具，还可以观察正在执行及待执行的程序段。

（2）程序的调试

① 空运行调试：

a. 在 AUTO 窗口（见图 1-38），按“程序控制”对应的软键，进入图 1-39 所示的程序控制窗口。

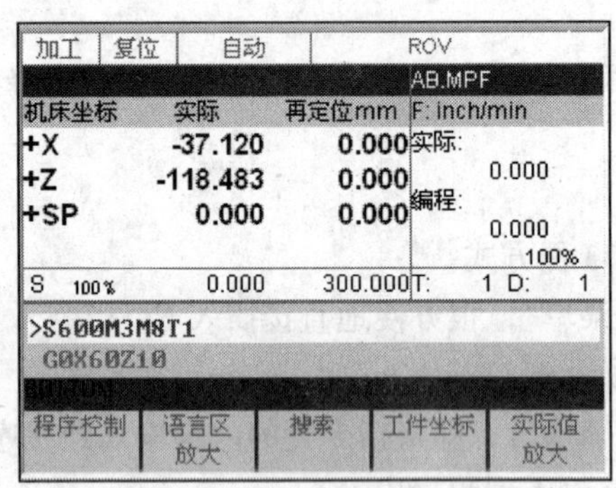

图 1-38 自动运行加工窗口

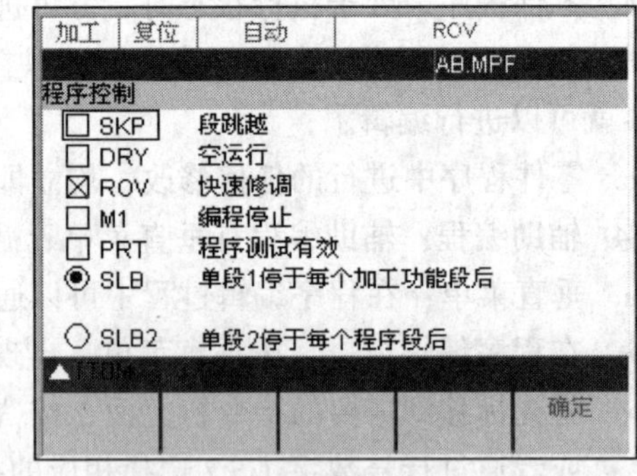

图 1-39 程序控制窗口

b. 按“光标/翻页”键将光标定位到 DRY 前的方框，然后按“回车”键，这时 DRY 前的方框中被打上“×”，表明激活了“空运行”选项，刀架运动将自动转为快进模式，以提高检测效率。

c. 按“循环启动”键进行空运行测试，在测试过程中如果出现了非法代码、指令或错误语法，系统将报警并停止测试。

② 机床锁定调试：

a. 在图 1-39 窗口下，激活 DRY 空运行选项。

b. 按“循环启动”进行机床锁住测试。

在机床锁住调试程序的过程中，程序能自动运行，并能正常执行M、S、T功能，屏幕坐标值也照常变化，但刀架不移动。

程序调试完毕后，应进入“程序控制”窗口将“空运行”和“程序测试有效”两个选项取消，否则不能进行自动加工。

③ 程序自动运行过程中的中断处理：在自动加工过程中，操作者有时必须中断程序的自动运行，进行一些必要的处理。例如，切屑缠绕工件影响加工，发现后续程序有错误或刀具发生崩刃等。碰到这些情况，可以有3种处理方法。

a. 解决切屑缠绕问题：

- ➢ 在加工过程中按“循环暂停”键，这时系统会自动记录中断点的坐标位置（不显示），程序同时停止运行，但主轴仍然保持转动。
- ➢ 按键，切换到手动运行方式；按“点动”键，使刀尖离开加工位置；按“主轴停止”键，使主轴停止转动，然后去屑。
- ➢ 按“主轴正转”键，恢复主轴转速；按“点动”键，使刀尖移到加工附近。
- ➢ 按键，返回自动加工状态；按“循环启动”键，刀具将自动按原记录中的中断点坐标到达该位置，然后继续程序的运行。这时，机床会以切削加工速度慢慢移动到加工位置，然后程序继续往下运行。

b. 程序重新运行：在加工过程中按“复位”键，机床（包括主轴、刀架、冷却等）停止运行，光标返回程序开头。故障解除后直接按“循环启动”键，程序将从头开始重新运行。这种方法会造成空切，浪费加工时间。

c. 使用断点搜索：

- ➢ 在加工过程中按“复位”键；故障解除后，按“区域转换”键、“加工显示”键，返回AUTO窗口；按“搜索”键，进入断点搜索窗口（见图1-40）；
- ➢ 按“搜索断点”键，系统自动搜索断点，光标停留在断点所在程序段；按“启动B搜索”键，装载断点；
- ➢ 按“循环启动”键，对屏幕出现的报警不予理睬；再按一次“循环启动”键，程序将从断点的前一个程序段恢复加工。

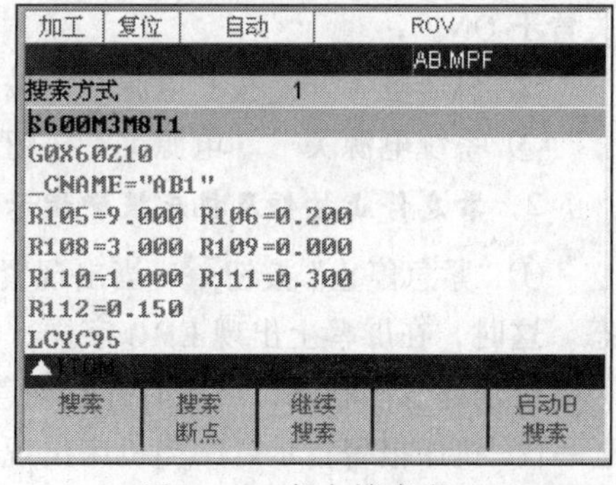

图1-40 断点搜索窗口

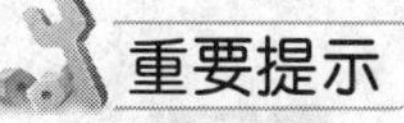

重要提示

采用“断点搜索”加工时，要特别注意程序执行前机床的状态，必要时要修改有关程序段（如增加开主轴、开冷却等功能），保持执行程序时的连续性。

学习评价

1. 能熟悉机床控制面板上各键的相关功能；

2．知道对刀操作与零点偏置的设定方法，能熟悉具体操作步骤；

3．掌握刀尖圆弧半径补偿值的设置方法和 Auto(自动)运行方式；

4．培养学生机床操作的动手能力。

任务 1–2 FANUC 系统及车床的操作

一、机床面板按钮及功能介绍

在 FANUC 系统中，因其系列、型号、规格各有不同，在使用功能、操作方法和面板设置上，也不尽相同。以 FANUC 0i–TA 为例进行叙述，FANUC 0i–TA 数控车床面板如图 1–41 所示。

图 1–41　FANUC 0i–TA 数控车床面板

1．电源开关

① 机床总电源开关　机床总电源开关一般位于机床的背面。在使用时，必须先将主电源开关置于 ON。

② 机床电源开　按“电源开”按钮，向机床润滑、冷却等机械部分及系统供电。

③ 系统电源关　“电源关”按钮为关闭系统电源的开关。

2．紧急停止按钮及机床报警指示灯

①“紧急停止”按钮　当出现紧急情况而按下该按钮时，机床及 CNC 装置随即处于急停状态。这时，在屏幕上出现 EMG 字样，机床报警指示灯亮。

要消除急停状态，可顺时针转动急停按钮，时按钮向上弹起，并按 RESET 复位键即可。

② 机床报警指示灯　当机床出现各种报警时，该指示灯亮，报警消除后该灯即熄灭。

3．模式选择按钮

图 1–42 中的 8 个模式选择按钮为单选按钮，只能选择按其中的一个。

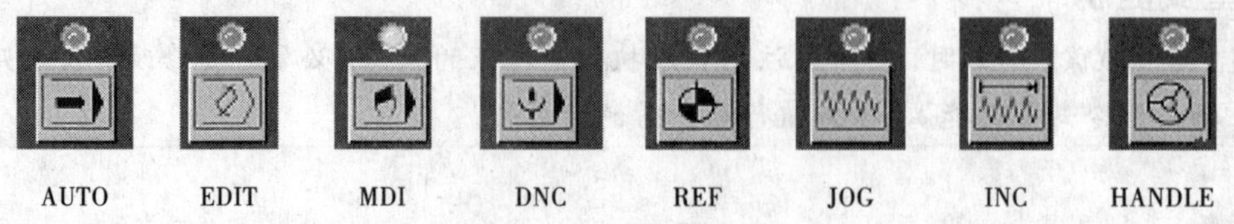

图 1–42　模式选择开关

（1）自动执行（AUTO）

按该按钮后，可自动执行程序。当按如图 1–43 所示的按键之一后，其自动运行又有以下 5 种不同的形式：

① 单段运行（SBK） 按按钮后，每按一次循环启动按钮，机床将执行一段程序后暂停。再次按下循环启动，则机床再执行一段程序后暂停。采用这种方法可对程序及操作进行检查。

② 程序段跳跃（BDT） 按按钮后，程序段前加“/”符号的程序段将被跳过执行。

③ 选择停止（M01） 按按钮后，在自动执行的程序中出现有“M01”指令的程序段时，其加工程序将停止执行。这时，主轴功能、冷却功能等也将停止。再次按下循环启动后，系统将继续执行“M01”以后的程序。

④ 机床锁住（MLK） 按按钮后，刀具在自动运行过程中的移动功能将被限制执行，但能执行M、S、T指令。系统显示程序运行时刀具的位置坐标。该功能主要用于检查程序编制是否正确。

⑤ 空运行（DRN） 按按钮后，在自动运行过程中刀具按机床参数指定的速度快速运行。该功能主要用于检查刀具的运行轨迹是否正确。

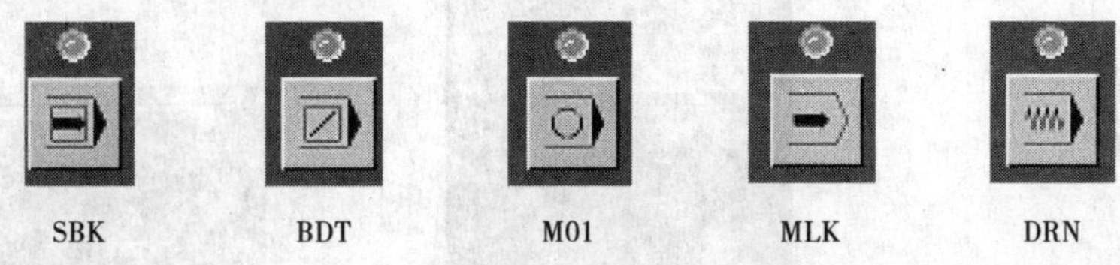

图 1-43 自动运行模式下的选择开关

（2）编辑（EDIT）

按下按钮，可以对存储在内存中的程序数据进行编辑操作。

（3）手动数据输入（MDI）

在该状态下，可以在输入单一的指令或几条程序段后，立即按“循环启动”按钮使机床动作，以满足操作需要。如开机后的指定转速“S1000 M03;”。

（4）手动连续进给（JOG）

① 手动连续慢速进给 实现手动连续慢速进给时，按如图 1-44（a）所示 JOG 进给方向键按钮不放，该指定轴即沿指定的方向进行进给。进给速率可通过如图 1-44（b）所示的进给速度倍率旋钮进行调节，调节范围为0～120%。另外，对于在自动执行的程序中所指定的进给速度F，也可用其进给速度倍率旋钮进行调节。

② 手动连续快速进给 在按方向选择按钮后，同时按图 1-44（a）所示中间位置的快速移动按钮，即可实现某一轴的自动快速进给。快速进给速率由系统参数确定其最大值。

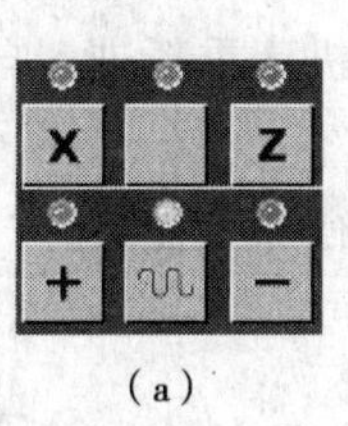

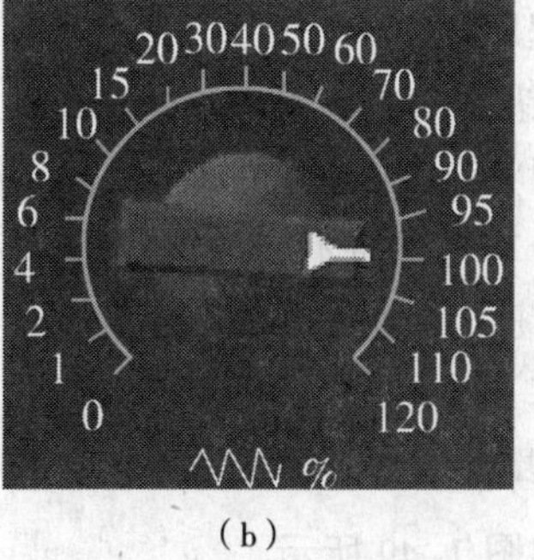

（a） （b）

图 1-44 手动连续进给操作键

(5) 手轮进给操作(HANDLE)

手轮进给操作过程如下：先选择图 1-45 左侧所示的进给轴，再选择右侧相应的增量步长，摇动手摇脉冲发生器(见图 1-46)即可完成手轮进给操作。手摇脉冲发生器顺时针旋转方向为正向进给方向，逆时针旋转方向为负向进给方向。

增量步长有“×1”、“×10”、“×100”3 种(见图 1-45)。当选择“×1”增量步长时，表示手摇脉冲发生器转过一格(一周有 100 格)，刀具移动距离为 0.001 mm。同理，“×100”表示手摇脉冲发生器转过一格，刀具移动 0.1 mm。

(6) 手动返回参考点(REF)

在该状态下，分别按相应的 X、Z 轴一下，就可以执行返回参考点的功能。当相应轴返回参考点指令执行完成后，屏幕上显示的 X、Z 的绝对坐标为 0，如图 1-47 所示。

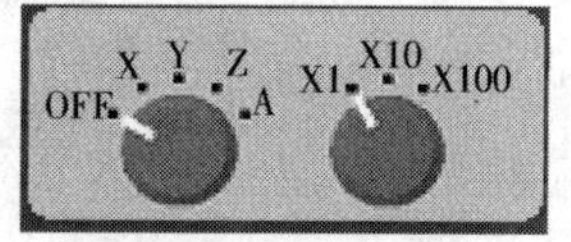

图 1-45　手轮按钮

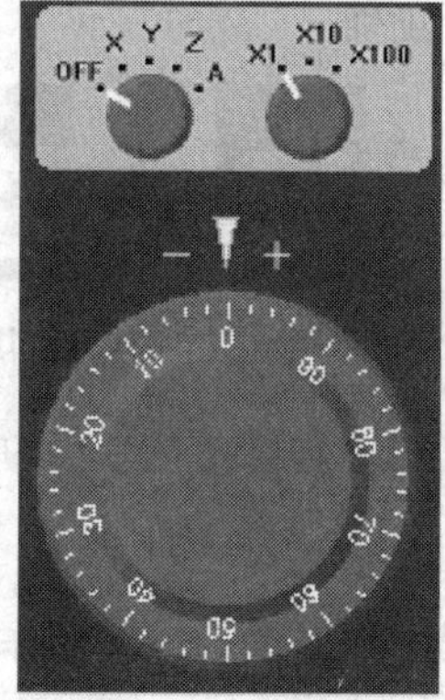

图 1-46　手轮旋钮

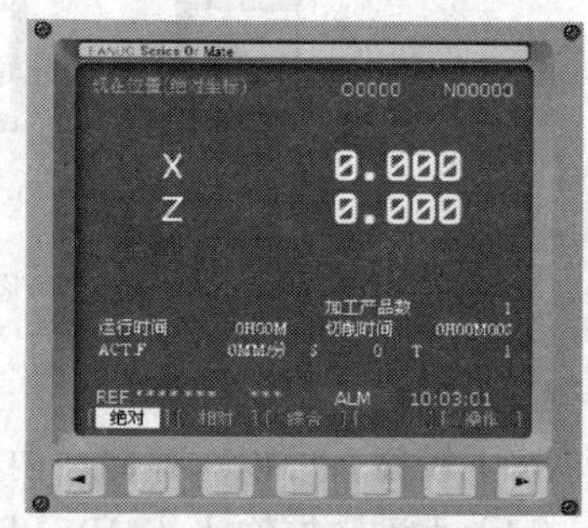

图 1-47　返回参考点控制界面

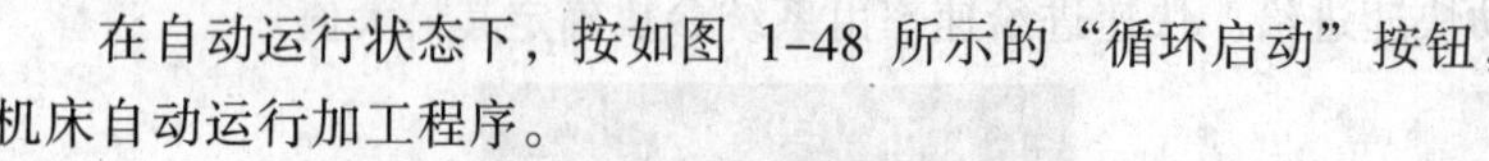

重要提示

返回参考点的时候，为避免刀架与尾座产生干涉，应 X 向先回参考点，然后 Z 向再回参考点。

4．循环启动执行按钮

循环启动执行按钮如图 1-48 所示。

图 1-48　循环启动执行按钮

① 循环启动开始按钮(CYCLE START)

在自动运行状态下，按如图 1-48 所示的“循环启动”按钮，机床自动运行加工程序。

② 循环暂停按钮(CYCLE MOOSTOP)

在机床循环启动状态下，按“循环停止”按钮，程序运行及刀具运动将处于暂停状态，其他功能如主轴转速、冷却等保持不变。再次按循环启动按钮，机床重新进入自动运行状态。

③ 循环停止按钮(CYCLE STOP)

在自动运行状态下，按“循环停止”按钮，机床停止运行加工程序。

5．主轴功能按钮

主轴功能按钮如图 1-49 所示。

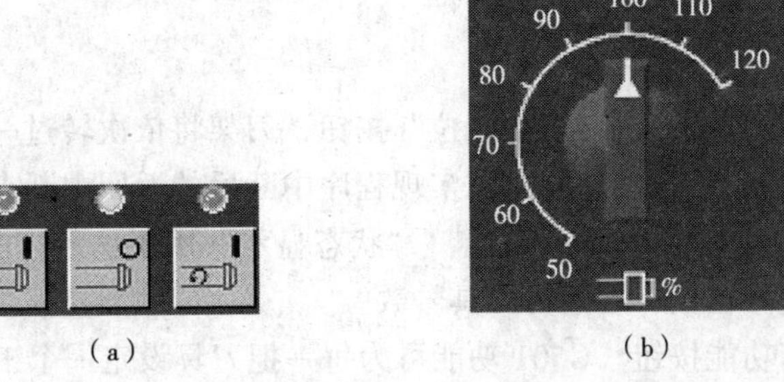

（a）　　　　　　　　（b）

图 1–49　修改后复制

（1）主轴反转按钮（CCW）

在 HANDLE 模式或 JOG 模式下，按按钮，主轴将逆时针转动。

（2）主轴正转按钮（CW）

在 HANDLE 模式或 JOG 模式下，按按钮，主轴将顺时针转动。

（3）主轴停转按钮（STOP）

在 HANDLE 模式或 JOG 模式下，按按钮，主轴将停止转动。

（4）主轴倍率修调旋钮

在主轴旋转过程中，可以通过主轴倍率修调按钮对主轴转速实现无级调速。每按一下主轴倍率修调按钮“+”使主轴转速增加 10%，同样每按一下主轴倍率修调按钮“–”使主轴转速减小 10%。在加工程序执行过程中，也可对程序中指定的转速进行调节。

6．液压系统功能按钮

液压系统功能按钮如图 1–50 所示。

（1）液压启动按钮

“液压启动”按钮用于控制数控机床液压系统电源的开启与关闭。

（2）液压尾座按钮

在液压系统开启的情况下，“液压尾座”按钮用于控制液压尾座的顶紧与松开。

（3）液压卡盘按钮

在液压系统开启的情况下，“液压卡盘”按钮用于控制液压卡盘的夹紧与松开。

7．手动冷却润滑功能按钮

手动冷却润滑功能按钮如图 1–51 所示。

（a）液压启动

（b）液压尾座

（c）液压卡盘

图 1–50　液压系统功能按钮

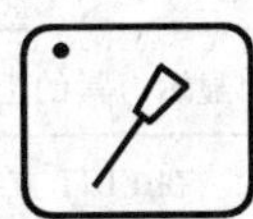

（a）间隙润滑

（b）手动冷却

图 1–51　手动冷却润滑按钮

（1）间隙润滑按钮

按“间隙润滑”按钮，将自动对机床进行间隙性润滑，间隙时间由系统参数设定。

（2）手动冷却按钮

每按一次“手动冷却”按钮，机床即执行切削冷却“开”功能，再次按该按钮，则其冷却功能停止。

8．**其他功能按钮**

其他功能按钮如图 1–52 所示。

① 手动转刀按钮　每按一次“刀架转位”按钮，刀架将依次转过一个刀位。

② 返回中断点按钮　按该按钮，可以实现程序中断后的返回中断点操作。

③ 刀具号显示与转速挡位数显示功能　“状态显示”用于显示当前机床的转速挡位数与刀具号。其中左边为转速挡位数，右边为刀具号数。

④ G50T 位置存储功能按钮　G50T 功能可为每一把刀具设定一个工件坐标系。

⑤ 程序保护按钮　当程序保护开关处于 ON 位置时，即使在 EDIT 状态下也不能对 NC 程序进行编辑操作；只有当程序保护开关处于 OFF 位置时，同时在 EDIT 状态下，才能对 NC 程序进行编辑操作。

⑥ 超程解除按钮　当机床出现超程报警时，按“超程解除”按钮不要松开，可使超程轴的限位挡块松开，然后用手摇脉冲发生器反向移动该轴，从而解除超程报警。

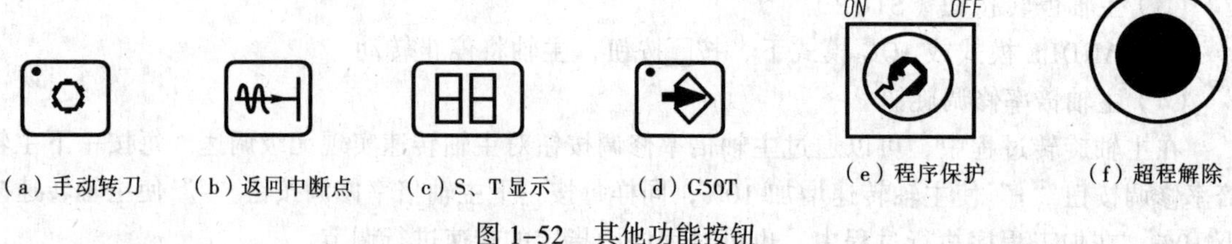

（a）手动转刀　（b）返回中断点　（c）S、T 显示　（d）G50T　（e）程序保护　（f）超程解除

图 1–52　其他功能按钮

9．MDI **面板**

凡是系统型号相同的面板，其面板操作功能及位置也相同。现以 FANUC 0i 系统为例说明 MDI 运行方式下各功能键的作用见表 1–3 所示。

表 1–3　MDI 按键功能

按　键	功　能
数字键 1 2 3	数字的输入
运算键 - + 0 . /	数学运算键的输入
字母键 X U Y V Z W	字母的输入
EOB EOB E	程序段结束符的输入
POS POS	显示刀具的坐标位置
PROG PROG	在 EDIT 方式下，显示存储器里的程序；在 MDI 方式下输入及显示 MDI 数据；在 AUTO 方式下显示程序指令值
OFFSET SETTING OFFSET SETTING	设定并显示刀具补偿值、工件坐标系、宏程序变量
SYSTEM SYSTEM	用于参数的设定、显示，自诊断功能数据的显示
MESSAGE MESSAGE	NC 报警信号显示，报警记录显示
COSTOM GRAPH CUSTOM GRAPH	用于图形显示
SHIFT SHIFT	上挡功能键

续表

按　　键	功　　能
CAN	字符删除键，用于删除最后一个输入的字符或符号
INPUT	输入键，用于参数或补偿值的输入
ALTER	替代键，程序字的替代
INSERT	插入键，程序字的插入
DELETE	删除键，删除程序字、程序段及整个程序
HELP	帮助键
PAGE UP	翻页键，向前翻页
PAGE DOWN	翻页键，向后翻页
CORSOR ← ↓ ↑ →	光标移动键，光标上下、左右移动
RESET	复位键，使所有操作停止，返回初始状态

二、机床操作

1．机床电源的开/关

（1）电源开

① 检查 CNC 和机床外观是否正常。

② 接通机床电器柜电源，按“电源开”按钮。

③ 检查 CRT 画面显示信息（见图 1-53）。

④ 如果 CRT 画面显示 EMG 报警画面，可松开“急停”键并按 RESET 键数秒后，系统将复位。

⑤ 检查散热风机等是否正常运转。

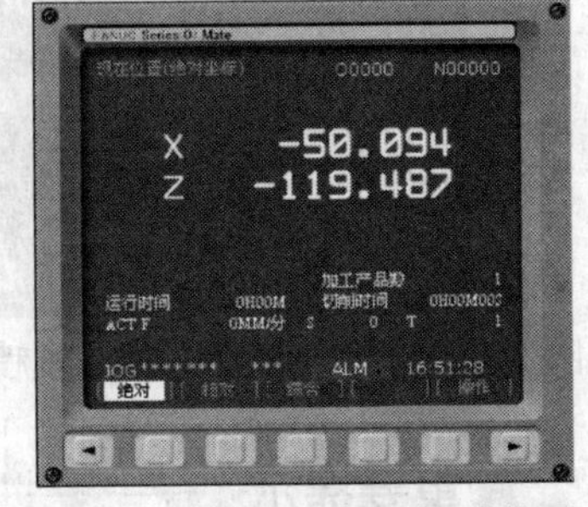

图 1-53　开机流程与开机后的画面

（2）电源关

① 检查操作面板上的循环启动灯是否关闭。

② 检查 CNC 机床的移动部件是否已经停止移动。

③ 如有外部输入/输出设备接到机床上，先关闭外部设备的电源。

④ 按“急停”键后，按“电源关”按钮，关闭机床总电源。

2．手动操作

（1）返回参考点操作

机床返回参考点的操作流程如图 1-54 所示。

① 选择 ZRN 按钮。

② 按 X 轴的方向选择按钮，直到屏幕上显示的相应 X 轴坐标值为零。

③ 按 Z 轴的方向选择按钮，直到屏幕上显示的相应 Z 轴坐标值为零。

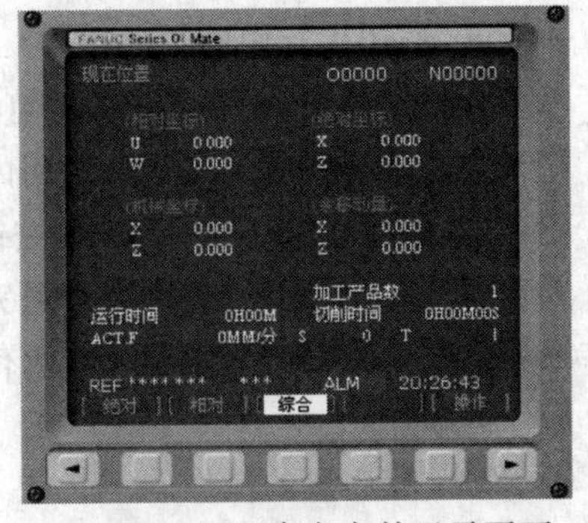

图 1-54　返回参考点的显示画面

重要提示

在返回参考点过程中，为了刀具及机床的安全，数控车床的返回参考点操作一般应按先 X 轴后 Z 轴的顺序进行。

（2）手轮进给操作

① 选择模式按钮 HANDLE。

② 在机床面板上选择移动刀具的坐标轴。

③ 选择增量步长。

④ 旋转手摇脉冲发生器向相应的方向移动刀具。

手动及手轮进给的操作流程及其显示界面如图 1-55 所示。

3．程序的编辑操作

（1）程序的操作

① 建立一个新程序　建立新程序界面如图 1-56 所示。

选择 EDIT 按钮，按功能键PROG，输入地址符 O，输入程序号（如 O0055），按INSERT键，再按INSERT键，然后按任意方向键，即可完成新程序 O0055 的输入。

图 1-55　手动/手轮进给操作流程及其显示界面

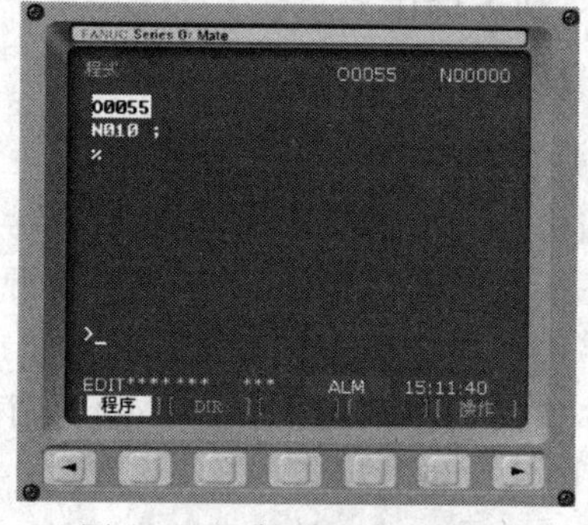

图 1-56　建立新程序界面

重要提示

① 建立新程序时，要注意建立的程序号应为内存储器中所没有的新程序号。

② 按下 INSERT 键后，一定要再按方向键才能完成新程序名的建立。

② 调用内存中储存的程序　选择“EDIT”按钮，按下PROG键，输入地址符 O，输入程序号（如 O0002），按方向键，即可完成新程序 O0002 的调用。

在调用程序时，一定要调用内存储器中已存入的程序。

③ 删除程序　选择 EDIT 按钮，按下功能 PROG 键，按 DIR 对应的软键，输入地址符 O，输入程序号（O123），按DELETE键即可完成程序 O123 的删除。

如果要删除内存储器中的所有程序，只要在输入 O～999 后按DELETE键即可完成内存储器中所有程序的删除。

（2）程序段的操作

① 删除程序段　选择 EDIT 按钮，输入要删除的程序段 N××××，按DELETE键即可将相应的程

序段删除。

如果要删除多个程序段，则用←↓↑→键检索或扫描到将要删除的程序开始端的地址（如N0010），键入地址符N和最后一个程序段号（如N0100），按DELETE键，即可将N0010～N01000内的所有程序段删除。

② 程序段的检索　程序段的检索功能主要用于自动运行模式中。其检索过程如下：按模式选择按钮，按PROG键显示程序屏幕，输入地址N及要检索的程序段号，按CRT下的"操作"软键，然后按"N检索"即可找到所有检索的程序段。

（3）程序字的操作

图1-57 光标扫描键

① 扫描程序字　选择EDIT按钮，按光标向左或向右移动键（见图1-57），光标将在屏幕上向左或向右移动一个地址字。按光标向上或向下移动键，光标将移动到上一个或下一个程序段的开始段。按PAGE↑或PAGE↓键，光标将向前或向后翻页显示。

② 跳到程序开始段　在EDIT模式下，按下RESET键即可使光标跳到程序开始段。

③ 插入一个程序字　在EDIT模式下，扫描到要插入位置前的字，键入要插入的地址字和数据，按INSERT键。

④ 字的替换　在EDIT模式下，扫描到将要替换的字，键入要替换的地址字和数据，按ALTER键。

⑤ 字的删除　在EDIT模式下，扫描到将要删除的字，按DELETE键。

⑥ 输入过程中字的取消　在程序字符的输入过程中，如发现当前字符输入错误，则按一次CAN键，则删除一个当前输入的字符。

4．设置刀具偏移值

（1）在MDI方式下，输入主轴功能指令

① 选择MDI按钮，按PROG键。

② 输入S600 M3程序段，按EOB+INSERT组合键。

③ 按机床面板上的"循环启动"键，主轴开始转，按RESET复位键，主轴停。

重要提示

只有按了INSERT键使相应程序段进入指定界面区域后，按"循环启动"键，机床才会执行相应指令的动作。

（2）在MDI方式下，将1号刀转到当前位置

① 选择MDI按钮，按PROG键。

② 输入T0101程序字，按EOB+INSERT组合键。

③ 按机床面板上的"循环启动"键，1号刀转到当前加工位置。也可以通过按"手动进给方式"键，在按TOOL键，来实现换刀。

（3）设置X向、Z向的刀具偏移值（设定工件坐标系）

① 按MDI+PROG组合键，或通过手动操作，选择相应的刀具。

② 按主轴正转转速按钮CW，主轴将以前面设定的S600的转速正转。

③ 选择相应的坐标轴，摇动手摇脉冲发生器或直接采用JOG方式，试切工件端面（见图1-58a）后，沿X向退刀，确保在退刀的过程中Z坐标不改变。

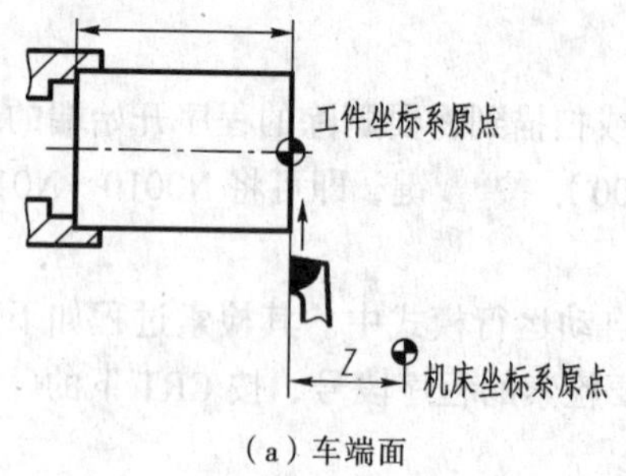

（a）车端面

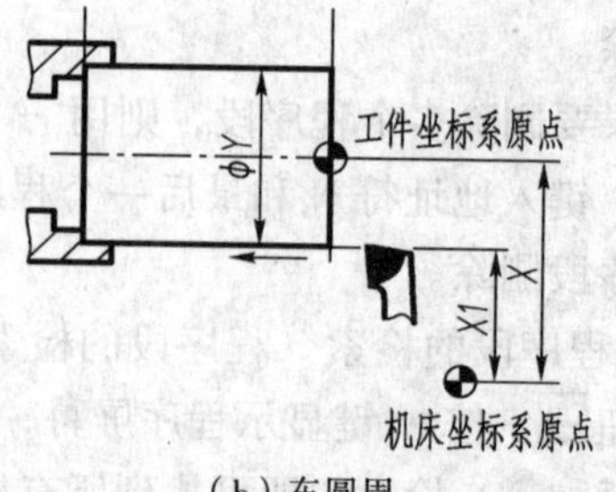

（b）车圆周

图 1–58　机床对刀操作

④ 按 MDI 方式下的OFFSET SETTING键，按软键“数据”，“补正”及“形状”后，显示图 1–59 所示的刀具偏置参数画面。移动光标键选择与刀具号相对应的刀补参数（如 1 号刀，则将光标移至 01 行），输入 Z0，按“测量”对应的软键，Z 向刀具偏移参数即自动存入（其值等于记录的 Z 值）。

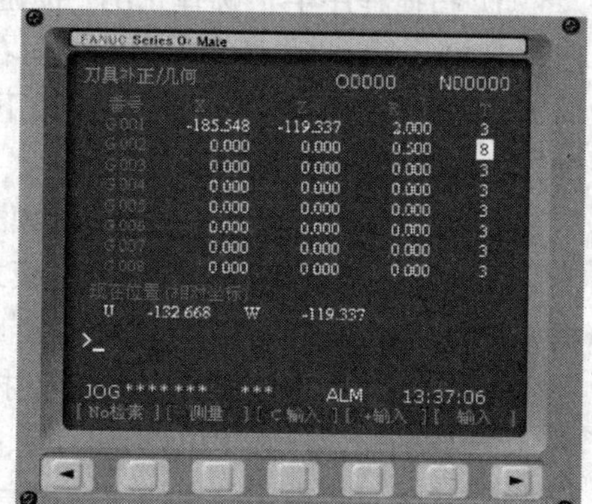

图 1–59　刀具补偿参数设置画面

⑤ 试切外圆后，刀具沿 Z 向退离工件（见图 1–58b），停机实测外圆直径（假设测量出直径为 ϕ52.88 mm）。

⑥ 在画面的 01 行中输入 X52.88 后，按“测量”对应的软键，X 向的刀具偏移参数即自动存入。1 号刀具偏置设定完成，其他刀具同样设定。

⑦ 校验刀具偏置参数：在 MDI 方式下选刀，并调用刀具偏置补偿；在 POS 画面下手动移动刀具靠近工件，观察刀具与工件间的实际相对位置；对照屏幕显示的绝对坐标，判断刀具偏置参数设定是否正确。

在设定刀具偏移时，也可直接将 Z 值及 X 值（$X=X_1-\phi$）输入到刀具偏移补偿存储器中。

如果刀具使用一段时间后，产生了磨耗，则可直接将磨耗值输入到对应的位置，对刀具进行磨耗补偿。

5．设置刀具、刀尖圆弧半径补偿参数

刀尖圆弧半径值与刀沿号同样在图 1–59 所示画面中进行设定。例如，1 号刀为外圆车刀，刀尖圆弧半径为 2 mm；2 号刀位普通外螺纹车刀，刀尖圆弧半径为 0.5 mm，则其设定方法如下：

① 移动光标键选择与刀具号相应的刀具半径参数。如 1 号刀，则将光标移至 01 行的 R 参数，键入 2.0 后按INSERT键。

② 移动光标键选择与刀具号相应的刀沿号参数如 1 号刀，则将光标移至 01 行的 T 参数，键入刀沿号 3 后按INSERT键。

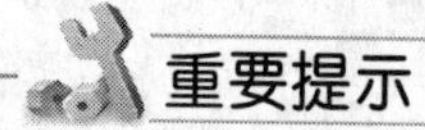

重要提示

INPUT 键适用于参数的设定（如建立坐标系、设置刀具补偿），INSERT 键适用于程序的输入，MDI 方式下程序单段的输入。

6. 自动加工

当上述工作完成后，即可进入自动加工操作。

（1）机床试运行

① 选择模式按钮[按钮图标]。

② 按PROG键，输入要执行的程序名如 O0001，按“检视”对应的软键，使屏幕显示正在执行的程序及坐标，具体如图 1-60 所示。

③ 按机床锁住键[按钮图标]，按单步执行按钮[按钮图标]。

④ 按循环启动按钮中的单步循环启动，每按一下，机床执行一段程序，这时即可检查编辑于输入的程序是否正确无误。

机床的试运行检查还可以在空运行状态下进行，两者虽然都被用于程序自动运行前的检查，但检查的内容却有区别。机床锁住运行主要用于检查程序编制是否正确，程序有无编写格式错误等；而机床空运行主要用于检查刀具轨迹是否与要求相符。

（2）机床的自动运行

① 调出需要执行的程序，确认程序正确无误。

② 按模式选择按钮[按钮图标]。

③ 按PROG按钮，再按“检视”对应的软键，使屏幕显示正准备执行的程序及坐标。

④ 按“循环启动”按钮[按钮图标]，自动循环执行加工程序。

⑤ 根据实际需要调整主轴转速和刀具进给速度。在机床运行过程中，可以旋动主轴倍率按钮进行主轴转速的调整，但应注意不能进行高低挡转速的切换。旋动进给倍率旋钮（FEEDRATE VERRIDE）可进行刀具进给速度的调整。

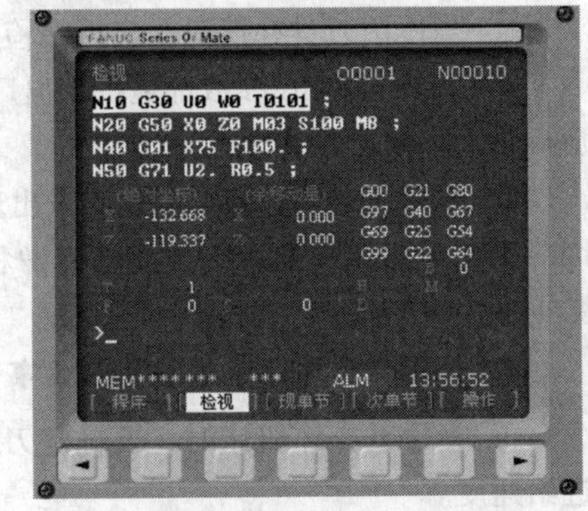

图 1-60 自动运行检视操作的流程与显示画面

机床自动运行的流程与显示画面如图 1-60 所示。

（3）机床干预与返回功能

在自动运行期间，用循环暂停键使移动的刀具停止，进行手动干预（如手动退刀、转刀）等操作。但按下“循环启动”使自动运行恢复时，手动干预与返回功能可将刀具返回到手动干预前的开始处。该功能的操作过程如下：

① 在程序自动运行过程中按“循环暂停”按钮。

② 在手动或手轮方式下移动刀具。

③ 按下返回中断点按钮（见图 1-52b），刀具以空运行速度返回中断点。

④ 在 AUTO 模式下，按“循环启动”按钮，恢复自动运行。

（4）图形显示功能

图形功能可以显示自动运行或手动运行期间的刀具移动轨迹，操作者可通过观察屏幕显示出的轨迹来检查加工过程，显示的图形可以进行放大及复原。

图形显示的操作过程如下：

① 选择 AUTO 按钮。

② 在 MDI 面板上按CUSTOM GRAPH键，按屏幕中“参数”软键显示如图 1-61 所示画面。

③ 通过光标移动键将光标移动至所需设定的参数处，输入数据后按INPUT键，依次完成各项参数的设定。

④ 再次按屏幕中“图形”软键。

⑤ 按“循环启动”按钮，机床开始移动，并在屏幕上绘出刀具的运动轨迹。

⑥ 在图形显示过程中，按屏幕 ZOOM/NORMAL 软键可进行放大恢复图形的操作。

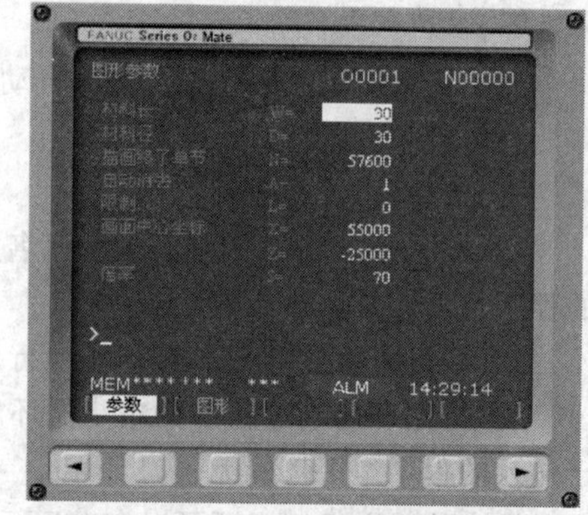

图 1-61　图形显示参数设置画面

三、数控机床安全操作规程

在数控机床的工作过程中，一定要做到规范操作，避免发生人身、设备、刀具等安全事故。数控机床的安全操作规程如下：

1. 加工前的安全操作

① 零件加工前，首先检查机床及其运行状况。该项检查可以通过试车的办法进行。

② 在操作机床前，应仔细检查输入的数据，以免引起误操作。

③ 确保编程指定的进给速度与实际操作所需要的进给速度相适应。

④ 当使用刀具补偿时，应再次检查补偿方向与补偿量。

⑤ CNC 与 PMC 参数都是机床出厂时设置好的，通常不需要修改。如果必须修改，在修改前，应确保对参数有深入全面地了解。

⑥ 机床通电后，CNC 装置尚未出现位置显示或报警画面前，不应触碰 MDI 面板上的任何键。因为 MDI 上的有些键是专门用于维护和特殊操作的，如在开机的同时按下这些键，可能产生机床数据丢失等错误。

2. 机床操作过程中的安全注意事项

① 当手动操作机床时，要确定刀具和工件的当前位置，并保证正确指定了运动轴、方向和进给速度。

② 机床通电后，必须首先执行手动返回参考点操作。如果机床没有执行手动返回参考点操作，机床的运动不可预料，极易发生碰撞事故。

③ 在使用手轮进给时，一定要选择正确的手轮进给倍率，过大的手轮进给倍率容易使刀具或机床损坏。

④ 在手动干预、机床锁住或平移坐标操作时，都可能使工件坐标系位置发生变化。用加工程序控制机床前，请先确认工件坐标系。

⑤ 正式加工前，常常通过机床空运行来确认机床运行的正确性。在空运行过程中，机床以系统设定的空运行速度运行，这与程序输入的进给速度不一样，而且空运行的进给速度要比编程用的进给速度快得多。

3. 与编程相关的安全注意事项

① 如果没有正确设置工件坐标系，即使程序指令时正确的，机床也不按其加工程序规定的位置运动。

② 在编程过程中，一定要注意公、英制的转换，使用的单位制式一定要与机床当前使用的单位制式相同。

③ 当编制横线速度指令时，应注意回转轴的转速，特别是靠近回转轴轴线时的转速不能过高。因为，当工件安装不太牢时，会由于离心力过大而甩出工件，造成事故。

④ 在刀具补偿功能模式下，当发生基于机床坐标系的运动命令或参考点返回命令时，补偿就会暂时取消，这极有可能导致机床发生不可预想的事故。

1. 能熟悉机床控制面板上各键的相关功能；
2. 知道对刀操作与零点偏置的设定方法，能熟悉具体操作步骤；
3. 掌握刀尖圆弧半径补偿值的设置方法和AUTO（自动）运行方式；
4. 培养学生机床操作的动手能力。

思考与练习

1-1 数控加工的内容有哪些？

1-2 按机床结构分，数控车床分为哪几类，各有何优缺点？

1-3 什么叫机床坐标系？如何建立机床坐标系？如何确定数控车床中机床坐标系的坐标方向？

1-4 什么叫工件坐标系？什么叫工件坐标系原点？如何选择数控车床的工件坐标系原点？

1-5 什么叫刀具补偿功能？刀具补偿功能分为哪几种？

1-6 刀尖圆弧半径补偿的过程分为哪几种？在进行刀尖圆弧半径补偿的过程中应注意哪些问题？

1-7 如何确定数控车刀的刀沿位置号？

1-8 如何进行程序及程序段的检索？

1-9 怎样进行机床的手动回参考点操作？在什么情况下刀架必须回参考点？加工程序中的回参考点程序段是如何编写的？

1-10 假如工件粗加工结束后，测得其直径偏大0.1 mm，如何通过刀补值在精加工时修正该偏差？

1-11 在数控机床的编程与操作过程中，为什么要进行空运行操作？如何进行加工程序的空运行？

1-12 在加工过程中，怎样使用断点搜索？

1-13 如何进行机床空运行操作？如何进行机床锁住试运行操作？两种试运行操作有什么不同？

项目二

数控车削加工工艺分析

在数控车床上加工零件时，是通过事先编好的程序来控制车床各种动作的。零件的加工内容和加工步骤等用指令代码表示，并通过键盘输入到数控系统中。数控系统对输入的信号进行处理后转换成各种信号，控制机床实现相应的动作，自动完成对零件的加工。

不难看出，实现数控车加工的重要工作在于编程。但仅有编程还不行，数控加工还包括编程前必须要做的一系列工艺准备工作及编程后的善后处理工作，即拟定数控加工工艺。

学习工艺知识

（一）数控车削主要加工对象

数控车削是数控加工中用得最多的加工方法之一。由于数控车床具有加工精度高、能做直线和圆弧插补以及在加工过程中能自动变速的特点，因此其工艺范围较普通机床宽得多。凡是能在数控车床上装夹的回转体零件都能在数控车床上加工。针对数控车床的特点，下列几种零件最适合数控车削加工。

1．精度要求高的回转体零件

由于数控车床刚性好，制造和对刀精度高，以及能方便和精确地进行人工补偿和自动补偿，所以能加工尺寸精度要求较高的零件。在有些场合可以以车代磨。此外，数控车削的刀具运用是通过高精度插补运算和伺服驱动来实现的，再加上机床的刚性好合制造精度高，所以它能加工对母线直线度、圆度、圆柱度等形状精度要求高的零件。对于圆弧以及其他曲线轮廓，加工出的形状与图纸上所要求的几何形状的接近程度比用仿形车床要高得多，数控车削对提高位置精度还特别有效。不少位置精度要求高的零件用普通车床车削时，因机床制造精度低，工件装夹次数多，而达不到要求，只能在车削后用磨削或其他方法弥补。例如，图 2-1 所示的轴承内圈，原采用三台液压半自动车床和一台液压仿形车床加工，需多次装夹，因而造成较大的壁厚差，达不

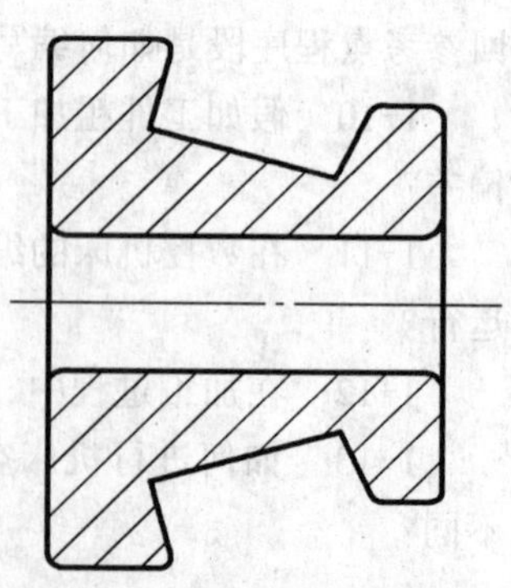

图 2-1 轴承内圈示意图

到图样要求，后改用数控车床加工，一次装夹即可完成滚道和内孔的车削，壁厚差大为减小，且加工质量稳定。

2．表面粗糙度要求高的回转体零件

数控车床具有恒线速切削功能，能加工出表面粗糙度值小而均匀的零件。在材质、精车余量和刀具已定的情况下，表面粗糙度取决于进给量和切削速度。在普通车床上车削锥面和端面时，由于转速恒定不变，致使车削后的表面粗糙度不一致，只有某一直径处的粗糙度值最小。使用数控车床的恒线速切削功能，就可选用最佳线速度来切削锥面和端面，使车削后的表面粗糙度值既小又一致。数控车削还适用于车削各部位表面粗糙度要求不同的零件。表面粗糙度值要求大的部位选用大的进给量，要求小的部位选用小的进给量。

3．表面形状复杂的回转体零件

由于数控车床具有直线和圆弧插补功能，所以可以车削由任意直线和曲线组成的形状复杂的回转体零件。如图 2–2 所示的壳体零件封闭内腔的成型面，在普通车床上是无法加工的，而在数控车床上则很容易加工出来。

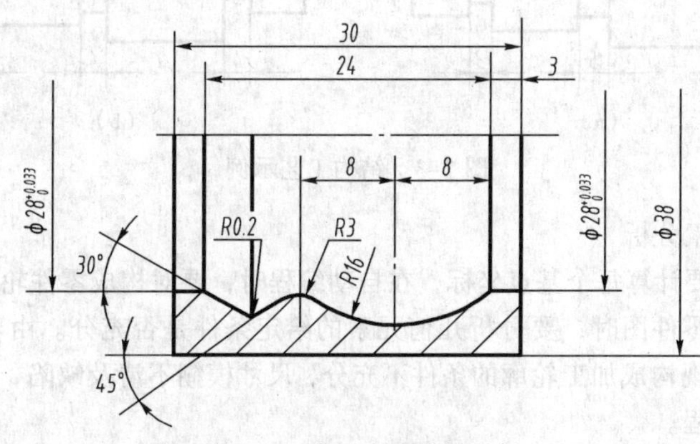

图 2–2　成型内腔零件示例

组成零件轮廓的曲线可以是数学方程式描述的曲线，也可以是列表曲线。对于由直线或圆弧组成的轮廓，直接利用机床的直线或圆弧插补功能，对于由非圆曲线组成的轮廓应先用直线或圆弧去逼近，然后再用直线或圆弧插补功能进行插补切削。

4．带特殊螺纹的回转体零件

普通车床所能车削的螺纹相当有限，它只能车等导程的直、锥面的公、英制螺纹，而且一台车床只能限定加工若干种导程。数控车床不但能车削任何等导程的直、锥和端面螺纹，而且能车增导程、减导程，以及要求等导程与变导程之间平滑过渡的螺纹。数控车床车削螺纹时主轴转向不必像普通车床那样交替变换，它可以一刀又一刀不停顿地循环，直到完成，所以它车螺纹的效率很高。数控车床可以配备精密螺纹切削功能，再加上一般采用硬质合金成型刀片，以及可以使用较高的转速，所以车削出来的螺纹精度高、表面粗糙度小。

（二）数控车削加工工艺的制定

制定工艺是数控车削加工的前期工艺准备工作。工艺的制定合理与否，对程序编制、机床的加工效率和零件的加工精度都有重要影响。因此，应遵循一般的工艺原则并结合数控车床的特点

认真而详细地制定好零件的数控车削加工工艺。其主要内容有：分析零件图纸，确定工件在车床上的装夹方式，各表面的加工顺序和刀具的进给路线以及刀具、夹具和切削用量的选择等。

1. 零件图工艺分析

分析零件图是工艺制订中的首要工作，它主要包括以下内容：

（1）结构工艺性分析

零件的结构工艺性是指零件对加工方法的适应性，即所设计的零件结构应便于加工成型。在数控车床上加工零件时，应根据数控车削的特点，认真审视零件结构的合理性。例如图 2–3（a）所示零件，需要三把不同宽度的切槽刀切槽，如无特殊要求，显然是不合理的，若改成 2–3（b）所示结构，只需一把刀即可切出三个槽。既减少了刀具数量，少占了刀架刀位，又节省了换刀时间。

在结构分析时，若发现问题应向设计人员或有关部门提出修改意见。

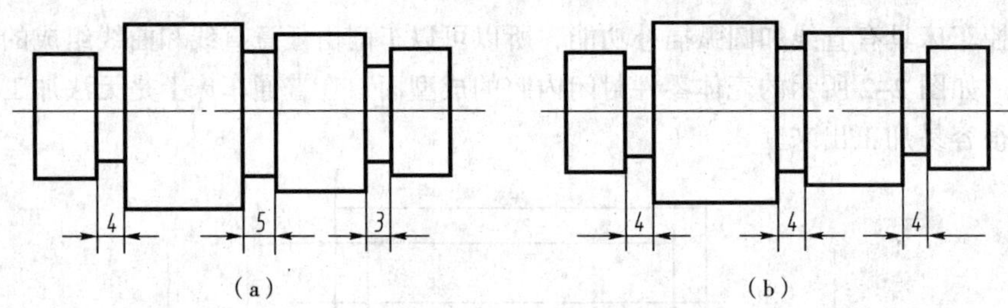

图 2–3　结构工艺示例

（2）轮廓几何要素分析

在手工编程时，要计算每个基点坐标，在自动编程时，要对构成零件轮廓的所有几何元素进行定义，因此在分析零件图时，要分析几何元素的给定条件是否充分。由于设计等多方面的原因，可能在图样上出现构成加工轮廓的条件不充分，尺寸模糊不清及缺陷，增加了编程工作的难度，有时甚至无法编程。

如图 2–4 所示的圆弧与斜线的关系要求为相切，但经计算后却为相交关系，而并非相切。又如图 2–5 所示，图样上给定几何条件自相矛盾，其给出的各段长度之和不等于其总长。

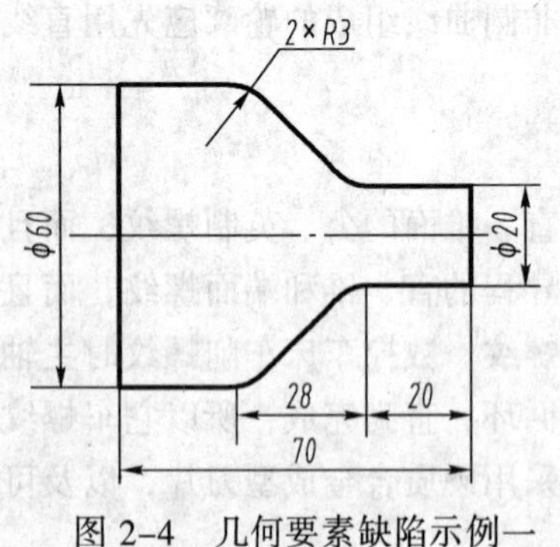

图 2–4　几何要素缺陷示例一

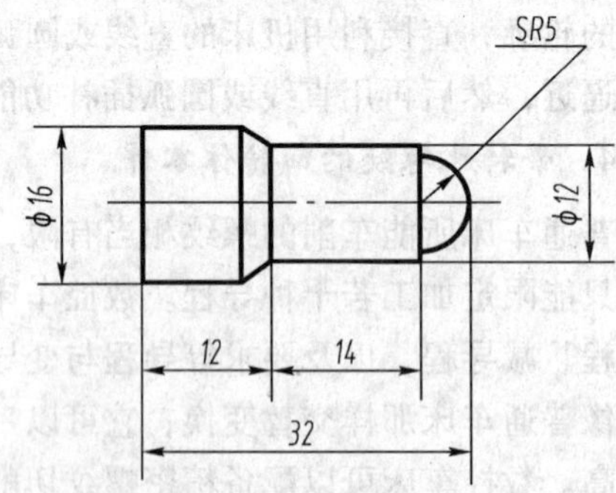

图 2–5　几何要素缺陷示例二

（3）精度及技术要求分析

对被加工零件的精度及技术要求进行分析，是零件工艺性分析的重要内容，只有在分析零件尺寸精度和表面粗糙度的基础上，才能对加工方法、装夹方式、刀具及切削用量进行正确而合理的选择。

精度及技术要求分析的主要内容：一是分析精度及各项技术要求是否合理；二是分析本工序的数控车削加工精度能否达到图样要求，若达不到，需采取其他措施（如磨削）弥补的话，则应给后续工序留有余量；三是找出图样上有位置精度要求的表面，这些表面应在一次安装下完成；四是对表面粗糙度要求较高的表面，应确定用恒线速切削。

2．工序和装夹方式的确定

在数控车床上加工零件，应按工序集中地原则划分工序，在一次安装下尽可能完成大部分甚至全部表面的加工。根据零件的结构形状不同，通常选择外圆、端面或内孔、端面装夹，并力求设计基准、工艺基准和编程原点的统一。在批量生产中，常用下列两种方法划分工序。

（1）按零件加工表面划分

将位置精度要求较高的表面安排在一次安装下完成，以免多次安装所产生的安装误差影响位置精度。例如，图 2-6 所示的轴承内圈，其内孔对小端面的垂直度、滚道和大挡边对内孔回转中心的角度差以及滚道与内孔间的壁厚差均有严格的要求，精加工时划分成两道工序，用两台数控车床完成。第一道工序采用图 2-6（a）所示的以大端面和大外径装夹的方案，将滚道、小端面及内孔等安排在一次安装下车出，很容易保证了上述的位置精度。第二道工序采用图 2-6（b）所示的以内孔和小端面装夹方案，车削大外圆和大端面。

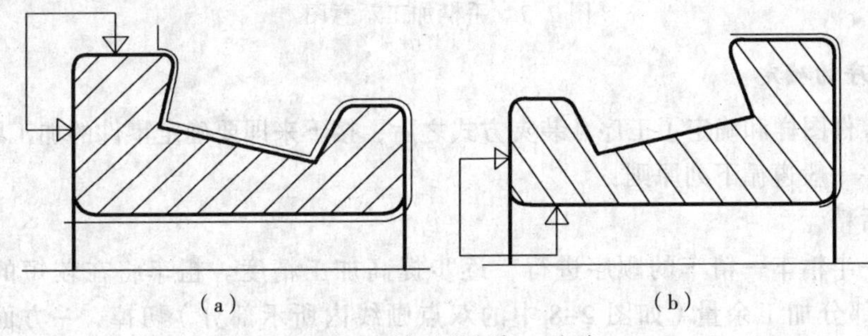

图 2-6　轴承内圈加工方案

（2）按粗、精加工划分

对毛坯余量较大和加工精度要求较高的零件，应将粗车和精车分开，划分成两道或更多的工序。将粗车安排在精度较低、功率较大的数控车床上，将精车安排在精度较高的数控车床上。如图 2-6 所示的轴承内圈就是按粗、精加工划分工序的。

下面以车削 2-7 所示手柄零件为例，说明工序的划分及装夹方式的选择。

该零件加工所用坯料为 ϕ32 mm 棒料，批量生产，加工时用一台数控车床。工序的划分及装夹方式如下：

第一道工序（按图 2-7b 所示将一批工件全部车出，包括切断），夹棒料外圆柱面，工序内容有：先车出 ϕ12 mm 和 ϕ20 mm 两圆柱面及圆锥面（粗车掉 *R*42 mm 圆弧的部分余量），转刀后按总长要求留下加工余量切断。

第二道工序（见图 2-7c），用 ϕ12 mm 外圆及 ϕ20 mm 端面装夹，工序内容有：先车削包络 *SR*7 mm 球面的 30°圆锥面，然后对全部圆弧表面半精车（留少量的精车余量），最后换精车刀将全部圆弧表面一刀精车成形。

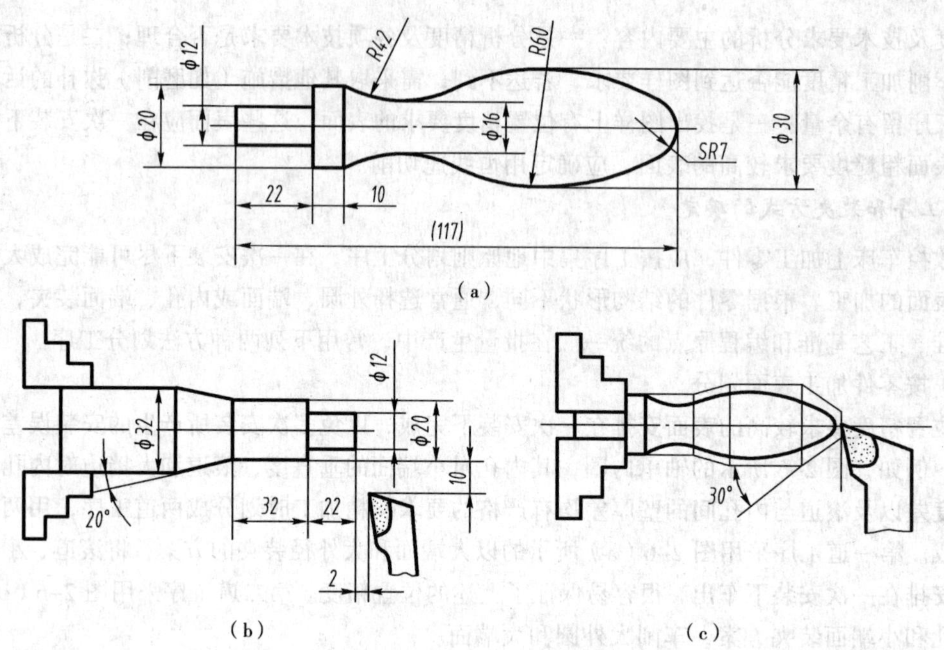

图 2-7　手柄加工示意图

3．加工顺序的确定

在分析了零件图样和确定了工序、装夹方式之后，接下来即要确定零件的加工顺序。制订零件车削加工顺序一般遵循下列原则：

（1）先粗后精

按照粗车—半精车—精车的顺序进行，逐步提高加工精度。粗车将在较短的时间内将工件表面上的大部分加工余量（如图 2-8 中的双点画线内所示部分）切掉，一方面提高金属切除率，另一方面满足精车的余量均匀性要求。若粗车后所留余量的均匀性满足不了精加工的要求时，则要安排半精车，以此为精车做准备。精车要保证加工精度，按图样尺寸，一刀切出零件轮廓。

（2）先近后远

这里所说的远与近，是按加工部位相对于到点的距离大小而言的。在一般情况下，离对刀点远的部位后加工，以便缩短刀具移动距离，减少空行程时间。对于车削而言，先近后远还有利于保持坯件或半成品的刚性，改善其切削条件。

例如，当加工图 2-9 所示零件时，如果按 ϕ38 mm— ϕ36 mm— ϕ34 mm 的次序安排车削，不仅会增加刀具返回对刀点所需的空行程时间，而且一开始就削弱了工件的刚性，还可能使台阶的外直角处产生毛刺（飞边）。对这类直径相差不大的台阶轴，当第一刀的背吃刀量（图中最大背吃刀量可为 3 mm 左右）未超限时，宜按 ϕ34 mm— ϕ36 mm— ϕ38 mm 的次序先近后远地安排车削。

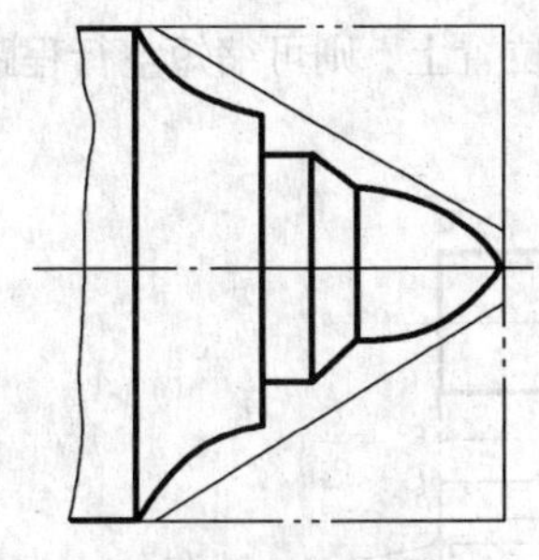

图 2-8　先粗后精示例

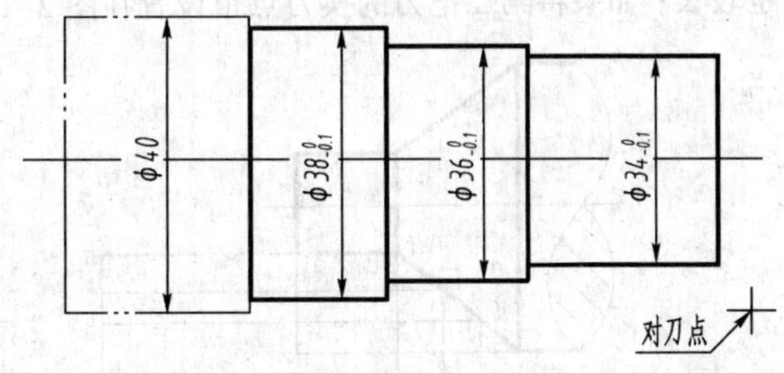

图 2-9　先近后远示例

（3）内外交叉

对既有内表面（内型、腔），又有外表面需加工的零件，安排加工顺序时，应先进行内外表面粗加工，后进行内外表面精加工。切不可将零件上一部分表面（外表面或内表面）加工完毕后，再加工其他表面（内表面或外表面）。

4．进给路线的确定

确定进给路线的工作重点，主要在于确定粗加工及空行程的进给路线，因精加工切削过程的进给路线基本上都是沿其零件轮廓顺序进行的。

进给路线泛指刀具从对刀点（或机床固定原点）开始运动起，直至返回该点并结束加工程序所经过的路径，包括切削加工的路径及刀具切入、切出等非切削空行程。

在保证加工质量的前提下，使加工程序具有最短的进给路线，不仅可以节省整个加工过程的执行时间，还能减少一些不必要的刀具消耗及机床进给机构滑动部件的磨损等。

实现最短的进给路线，除了依靠大量的实践经验外，还应善于分析，必要时可辅以一些简单计算。现将实践中的部分设计方法或思路介绍如下：

（1）最短的空行程路线

① 巧用起刀点　图 2-10（a）所示为采用矩形循环方式进行粗车的一般情况示例。其对刀点 *A* 的设定是考虑到精车等加工过程中需方便地换刀，故设置在离坯件较远的位置处，同时将起刀点与其对刀点重合在一起，按三刀粗车的进给路线安排如下：

第一刀为 $A \to B \to C \to D \to A$；

第二刀为 $A \to E \to F \to G \to A$；

第三刀为 $A \to H \to I \to J \to A$。

图 2-10（b）则是巧将起刀点与对刀点分离，并设于图示 *B* 点位置，仍按相同的切削量进行三刀粗车，其进给路线安排如下：

第一刀为 $B \to C \to D \to E \to B$；

第二刀为 $B \to F \to G \to H \to B$；

第三刀为 $B \to I \to J \to K \to B$。

显然，图 2-10（b）所示的进给路线短。该方法也可用在其他循环（如螺纹车削）切削的加工中。

② 巧设换（转）刀点　为了考虑换（转）刀的方便和安全，有时将换（转）刀点也设置在离坯件较远的位置处（如图 2-10 中的 *A* 点），那么当换第二把刀后，进行精车时的空行程路线必

然也较长；如果将第二把刀的换刀点也设置在图 2-10（b）中的 B 点位置上，则可缩短空行程距离。

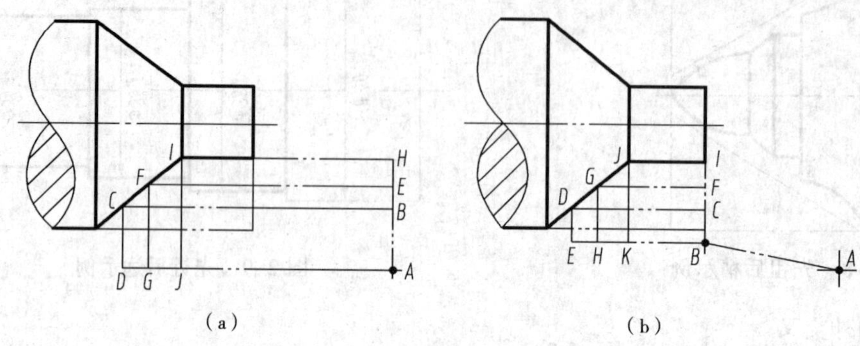

图 2-10　巧用起刀点

③ 合理安排“回零”路线　在手工编制较为复杂轮廓的加工程序时，为使其计算过程尽量简化，既不出错，又便于校核，编制者（特别是初学者）有时将每一刀加工完后的刀具终点通过执行“回零”（即返回对刀点）指令，使其全都返回到对刀点位置，然后再执行后续程序。这样会增加进给路线的距离，从而大大降低生产效率。因此，在合理安排“回零”路线时，应使其前一刀终点与后一刀起点间的距离尽量减短，或者为零，即可满足进给路线为最短的要求。另外，在选择返回对刀点指令时，在不发生加工干涉现象的前提下，宜尽量采用 X、Z 坐标轴双向同时“回零”指令，该指令功能的“回零”路线将是最短的。

（2）最短的切削进给路线

切削进给路线为最短，可有效地提高生产效率，降低刀具的损耗等。在安排粗加工或半精加工的切削进给路线时，应同时兼顾到被加工零件的刚性及加工的工艺性等要求，不要顾此失彼。

图 2-11 所示为粗车图 2-8 所示零件时几种不同切削进给路线的安排示意图。其中图 2-11（a）表示利用数控系统具有的封闭式复合循环功能控制车刀沿着工件轮廓进行进给的路线；图 2-11（b）为利用其程序循环功能安排的“三角形”进给路线；图 2-11（c）为利用其矩形循环功能而安排的“矩形”进给路线。

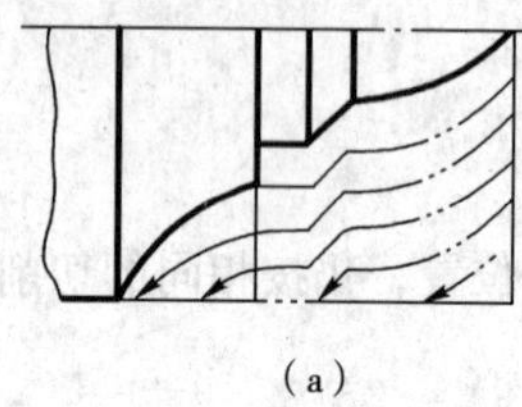

（a）

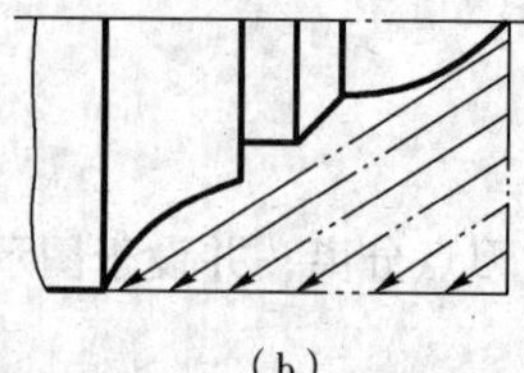

（b）

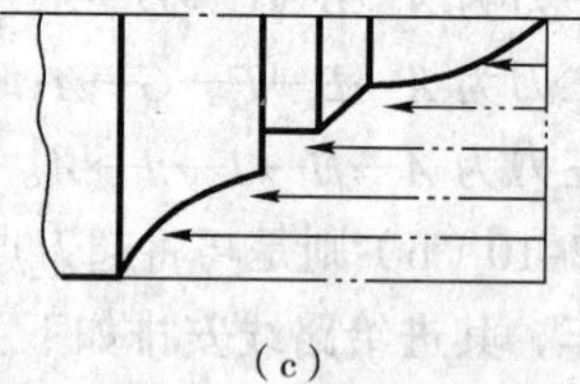

（c）

图 2-11　粗车进给路线示例

对以上三种切削进给路线，经分析和判断后可知矩形循环进给路线的进给长度总和最短。因此，在同等条件下，其切削所需时间（不含空行程）最短，刀具的损耗最少。

（3）大余量毛坯的阶梯切削进给路线

图 2-12 所示为车削大余量工件两种加工路线，图 2-12（a）是错误的阶梯切削路线，图 2-12（b）按 1～5 的顺序切削，每次切削所留余量相等，是正确的阶梯切削路线。因为在同样背吃刀量的条件下，按图 2-12（a）的方式加工所剩的余量过多。

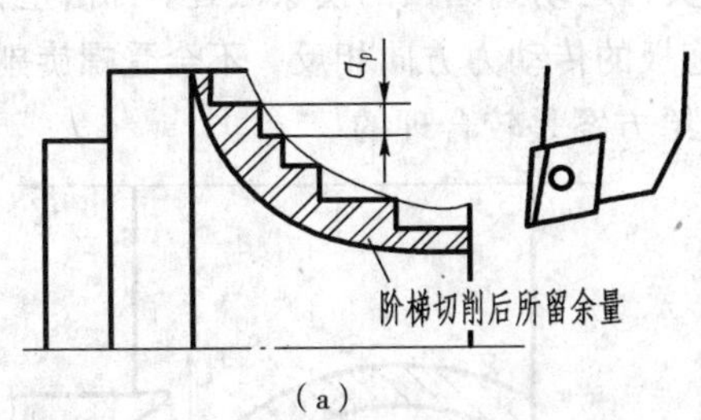

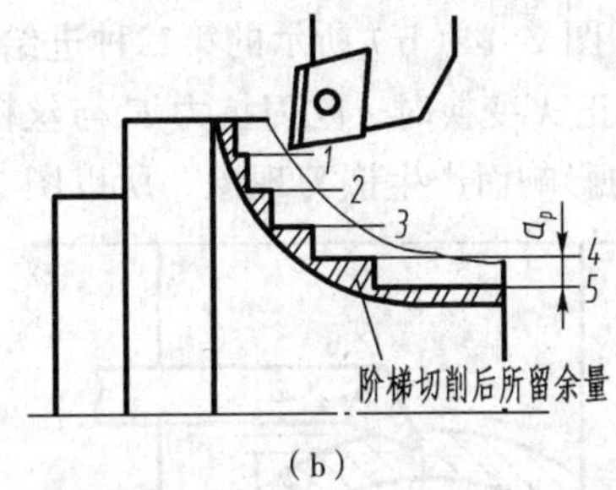

图 2-12 大余量毛坯的阶梯切削路线

根据数控车床加工的特点，还可以放弃常用的阶梯车削法，改用依次从轴向和径向进刀，顺工件毛坯轮廓进给的路线，如图 2-13 所示。

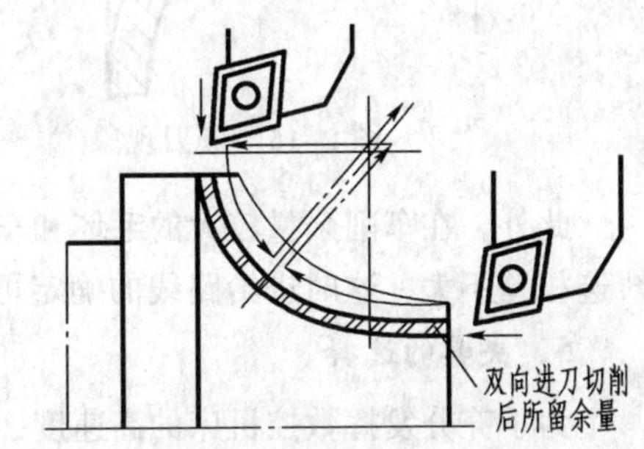

图 2-13 双向进刀的进给路线

（4）完工轮廓的连续切削进给路线

在安排可以一刀或多刀进行的精加工工序时，其零件的完工轮廓应由最后一刀连续加工而成，这时加工刀具的进、退刀位置要考虑妥当，尽量不要在连续的轮廓中安排切入和切出或换刀及停顿，以免因切削力突然变化而造成弹性变形，致使光滑连接轮廓上产生表面划伤、形状突变或滞留刀痕等缺陷。

（5）特殊的进给路线

在数控车削加工中，一般情况下，Z 坐标轴方向的进给运动都是沿着负方向进给的，但有时按其常规的负方向安排进给路线并不合理，甚至可能车坏工件。

例如，当采用尖形车刀加工大圆弧内表面零件时，安排两种不同的进给方法如图 2-14 所示，其结果也不相同。对于图 2-14（a）所示的第一种进给方法（负 Z 走向），因切削时刀尖车刀的主偏角为 100°～105°，这时切削力在 X 向的较大分力 F_p 将沿着图 2-14 所示的正 X 方向作用，当刀尖运动到圆弧的换象限处，即由负 Z、负 X 向负 Z、正 X 变换时，吃刀抗力 F_p 与传动横向拖板的传动力方向相同，若螺旋副间有机械传动间隙，就可能使刀尖嵌入零件表面（即扎刀），其嵌入量在理论上等于其机械传动间隙量 e（见图 2-15）。即使该间隙量很小，由于刀尖在 X 方向换向时，横向拖板进给过程的位移量变化也很小，加上处于动摩擦与静摩擦之间呈过渡状态的拖板惯性的影响，仍会导致横向拖板产生严重的爬行现象，从而大大降低零件的表面质量。

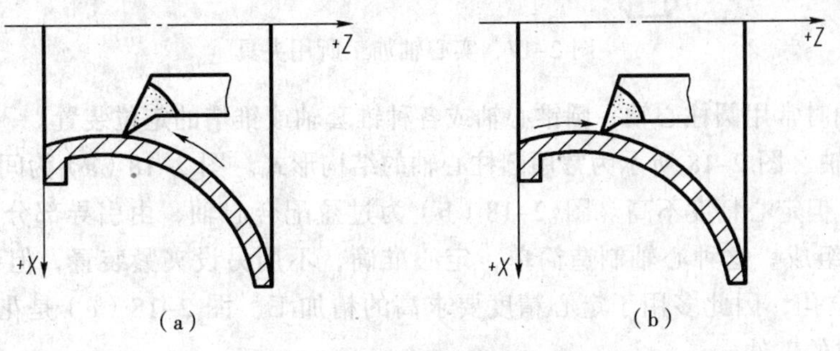

图 2-14 两种不同的进给方法

对于图 2-14（b）所示的第二种进给方法，因为尖刀运动到圆弧的换象限处，即由正 Z、负 X 向正 Z、正 X 变换时，吃刀抗力 F_p 与丝杠传动横向拖板的传动力方向相反，不会受螺旋副机械传动间隙的影响而产生嵌刀现象，所以图 2-16 所示进给方案是较合理的。

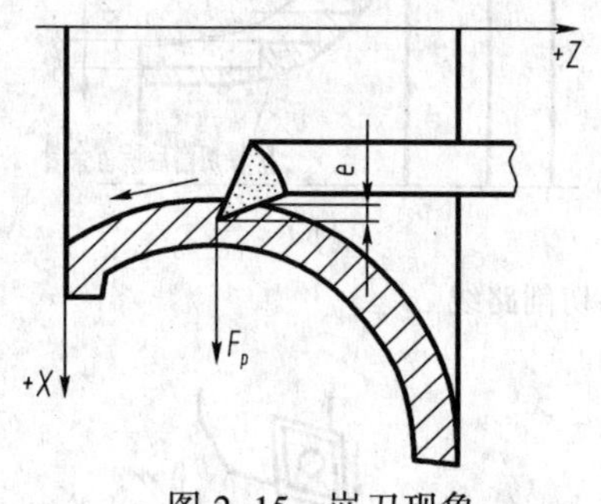

图 2-15　嵌刀现象

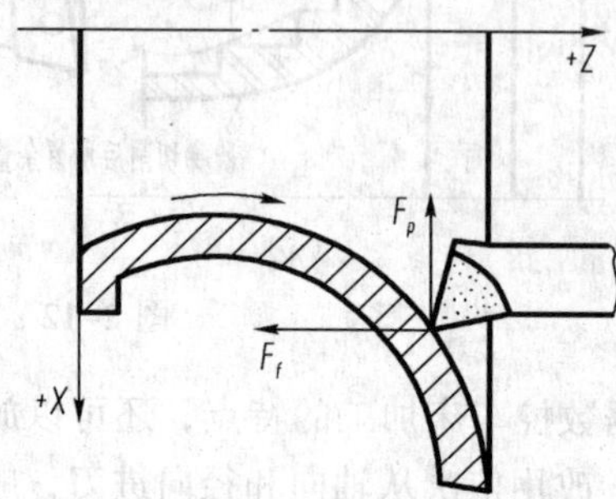

图 2-16　合理的进给方案

此外，在车削余量较大的毛坯和车削螺纹时，都有一些多次重复进给的动作，且每次进给的轨迹相差不大，这时进给路线的确定可采用系统固定循环功能，详见项目四。

5．夹具的选择

为了充分发挥数控机床的高速度、高精度和自动化的效果，还应有相应的数控夹具进行配合。数控车床夹具除了使用通用三爪自定心卡盘、四爪卡盘、大批量生产中使用便于自动控制的液压、电动及气动夹具外，数控车床加工中还有多种相应的夹具，它们主要分为两大类，即用于轴类工件的夹具和用于盘类工件的夹具。

（1）用于轴类工件的夹具

数控车床加工轴类工件时，坯件装夹在主轴顶尖和尾座顶尖之间，工件由主轴上的拨盘或拨齿顶尖带动旋转。这类夹具在粗车时可以传递足够大的转矩，以适应主轴高速旋转车削。

用于轴类工件的夹具有自动夹紧拨动卡盘、拨齿顶尖、三爪拨动卡盘和快速可调万能卡盘等。图 2-17 所示为加工实心轴所用的拨齿顶尖夹具。

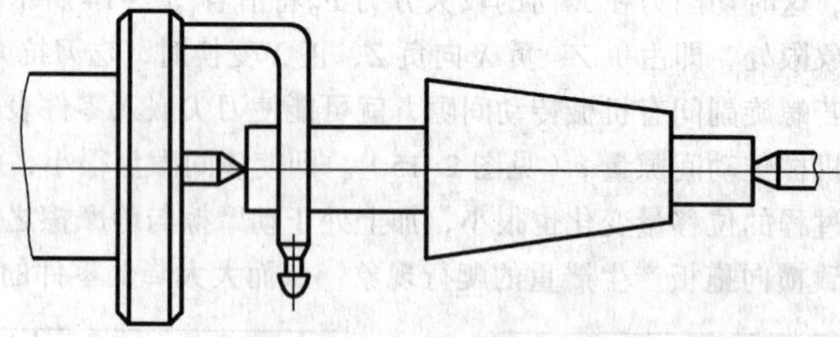
图 2-17　实心轴加工所用夹具

车削空心轴时常用圆柱心轴、圆锥心轴或各种锥套轴或锥堵的定位装置。

① 圆柱心轴　图 2-18 所示为常用圆柱心轴的结构形式。图 2-18（a）为间隙配合心轴，装卸工件较方便，但定心精度不高。图 2-18（b）为过盈配合心轴，由引导部分 1、工作部分 2 和传动部分 3 组成。这种心轴制造简单，定心准确，不用另设夹紧装置，但装卸工件不便，易损伤工件定位孔，因此多用于定心精度要求高的精加工。图 2-18（c）是花键心轴，用于加工以花键孔定位的工件。

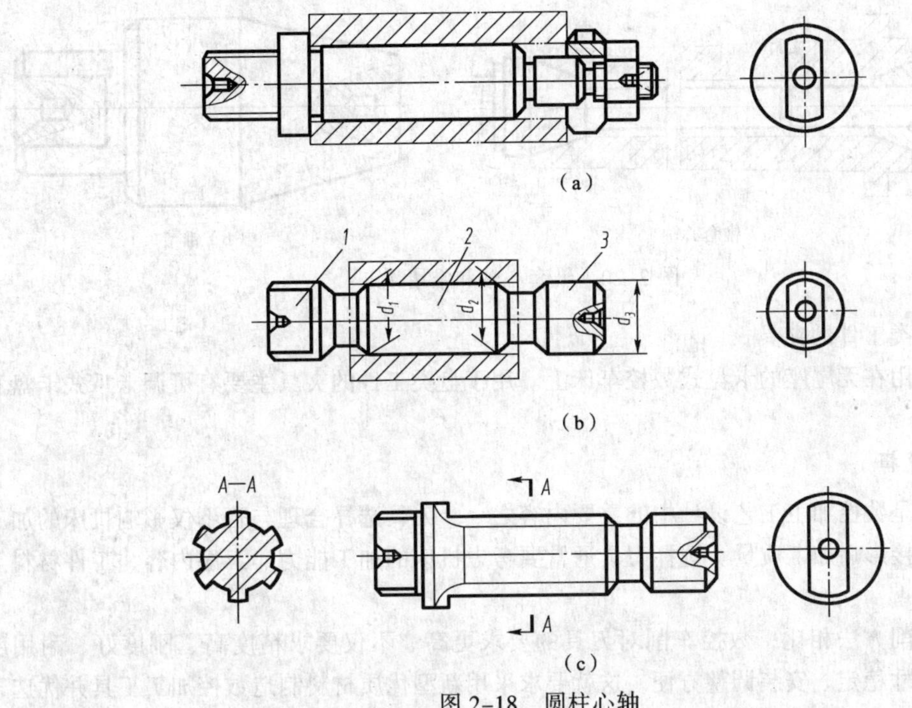

图 2-18 圆柱心轴

1—引导部分；2—工作部分；3—传动部分

② 圆锥心轴（小锥度心轴） 如图 2-19 所示，工件在锥度心轴上定位，并靠工件定位圆孔与心轴限位圆锥面的弹性变形夹紧工件。

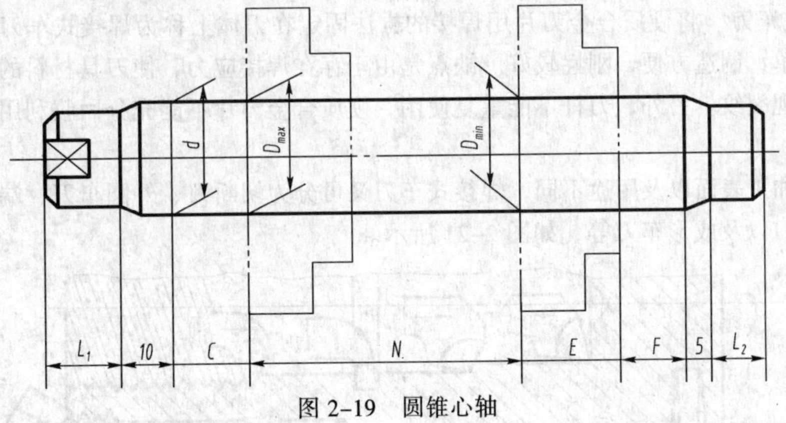

图 2-19 圆锥心轴

这种定位方式的定心精度高，可达 $\phi 0.01 \sim \phi 0.02$ mm，但工件的轴向位移误差较大，适用于工件定位孔精度不低于 IT7 的精车和磨削加工，不能加工端面。

③ 锥套心轴和锥堵 在空心主轴加工过程中，通常采用外圆表面和中心孔互为基准进行加工。在机加工开始，先以支承轴颈为粗基准加工两端面和中心孔，再以中心孔为精基准加工外圆表面。在内孔加工时，以加工后的支承轴颈为精基准。在内孔加工完成后，以图 2-20（a）所示的锥套心轴或图 2-20（b）所示的锥堵定位精加工外圆表面，保证各表面间的相互位置精度。最后以精加工后的支承轴颈定位精磨内孔。

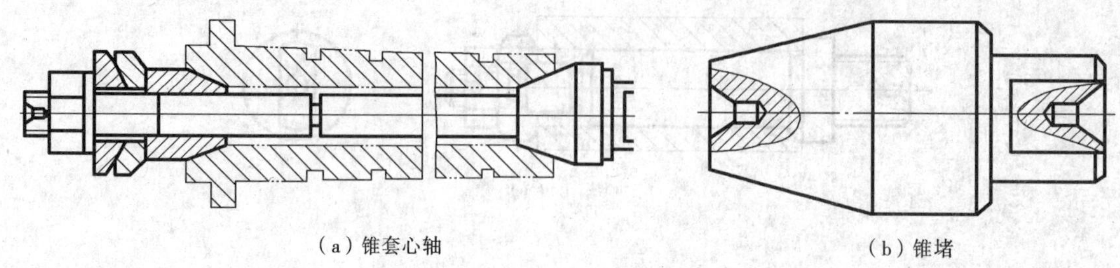

图 2-20　锥套心轴和锥堵

（2）用于盘类工件的夹具

这类夹具适用在无尾座的卡盘式数控车床上。用于盘类工件的夹具主要有可调卡爪式卡盘和快速可调卡盘。

6．刀具的选择

刀具的选择是数控加工工艺设计中的重要内容之一。刀具选择合理与否不仅影响机床的加工效率，而且还直接影响加工质量。选择刀具通常要考虑机床的加工能力、工序内容、工件材料等因素。

与传统的车削方法相比，数控车削对刀具的要求更高。不仅要求精度高、刚度好、耐用度高、而且要求尺寸稳定、安装调整方便。这就要求采用新型优质材料制造数控加工工具并优选刀具参数。

（1）车刀和刀片的种类

由于工件材料、生产批量、加工精度以及机床类型、工艺方案的不同，车刀的种类也异常繁多。根据与刀体的连接固定方式的不同，车刀主要可分为焊接式与机械夹固式两大类。

① 焊接式车刀　将硬质合金刀片用焊接的方法固定在刀体上称为焊接式车刀。这种车刀的优点是结构简单，制造方便，刚性较好。缺点是由于存在焊接应力，使刀具材料的使用性能受到影响，甚至出现裂纹。另外，刀杆不能重复使用，硬质合金刀片不能充分回收利用，造成刀具材料的浪费。

根据工件加工表面以及用途不同，焊接式车刀又可分为切断刀、外圆车刀、端面车刀、内孔车刀、螺纹车刀以及成形车刀等，如图 2-21 所示。

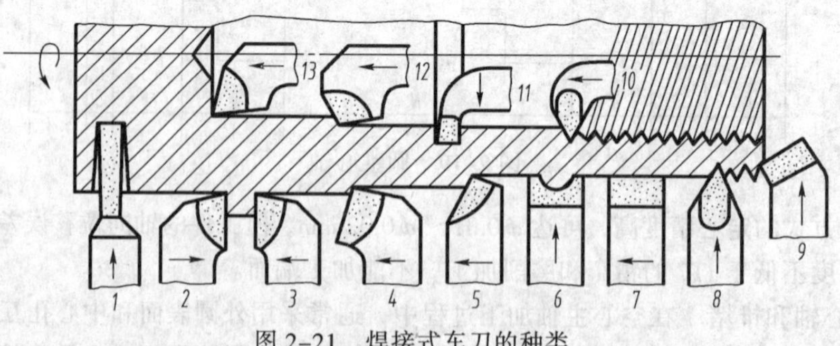

图 2-21　焊接式车刀的种类

② 机夹可转位车刀　如图 2-22 所示，机械夹固式可转位车刀由刀杆 1、刀片 2、刀垫 3 以及夹紧元件 4 组成。刀片每边都有切削刃，当某切削刃磨损钝化后，只需松开夹紧元件，将刀片转一个位置便可继续使用。

刀片是机夹可转位车刀的一个最重要组成元件，大致可分为带圆孔、带沉孔以及无孔三大类。形状有：三角形、正方形、五边形、六边形、圆形以及菱形等共 17 种。图 2–23 所示为常见的几种刀片形状及角度。

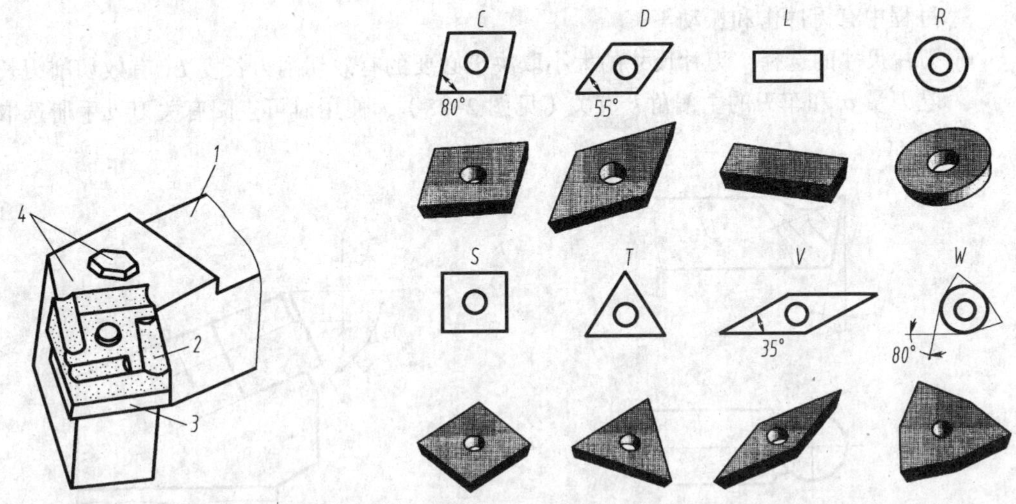

图 2–22　机械夹固式可转位车刀的组成　　图 2–23　常用可转位车刀刀片

（2）车刀类型和刀片的选择

① 数控车削常用刀具的类型　数控车削常用的车刀一般分为三类，即尖形车刀、圆弧车刀和成型车刀。

- 尖形车刀　以直线形切削刃为特征的车刀一般称为尖形车刀。这类车刀的刀尖（同时也为其刀位点）由直线形的主、副切削刃构成，如 90° 内、外圆车刀，左、右端面车刀，切槽（断）车刀及刀尖倒棱很小的各种外圆和内孔车刀。

用这类车刀加工零件时，其零件的轮廓形状主要由一个独立的刀尖或一条直线形主切削刃位移后得到，它与另两类车刀加工时所得到零件轮廓形状的原理是截然不同的。

- 圆弧形车刀（见图 2–24）　圆弧形车刀是较为特殊的数控加工用车刀。其特征是，构成主切削刃的刀刃形状为一圆度误差或轮廓误差很小的圆弧；该圆弧上的每一点都是圆弧形车刀的刀尖，因此刀位点不在圆弧上，而在该圆弧的圆心上；车刀圆弧半径理论上与被加工零件的形状无关，并可按需要灵活确定或经测定后确认。

当某些尖形车刀或成形车刀（如螺纹车刀）的刀尖具有一定的圆弧形状时，也可作为这类车刀使用。

圆弧形车刀可以用于车削内、外表面，特别适宜于车削各种光滑连接（凹形）的成型面。

- 成形车刀　成形车刀俗称样板车刀，其加工零件的轮廓形状完全由车刀刀刃的形状和尺寸决定。数控车削加工中，常见的成形车刀有小半径圆弧车刀、非矩形车槽刀和螺纹车刀等。在数控加工中，应尽量少用或不用成形车刀，当确有必要选用时，则应在工艺文件或加工程序单上进行详细说明。

② 机夹可转位车刀的选用　为了减少换刀时间和方便对刀，便于实现机械加工的标准化，数控车削加工时应尽量采用机夹刀和机夹刀片。

- **刀片材质的选择**　车刀刀片的材料主要有高速钢、硬质合金、涂层硬质合金、陶瓷、立方氮化硼和金刚石等。其中应用最多的是硬质合金和涂层硬质合金刀片。选择刀片材质，主要依据被加工工件的材料、被加工表面的精度、表面质量要求、切削载荷的大小以及切削过程中有无冲击和振动等。
- **刀片尺寸的选择**　刀片尺寸的大小取决于必要的有效切削刃长度 L，有效切削刃长度与背吃刀量 a_p 和车刀的主偏角 k_r 有关（见图 2-25），使用时可查阅有关刀具手册选取。

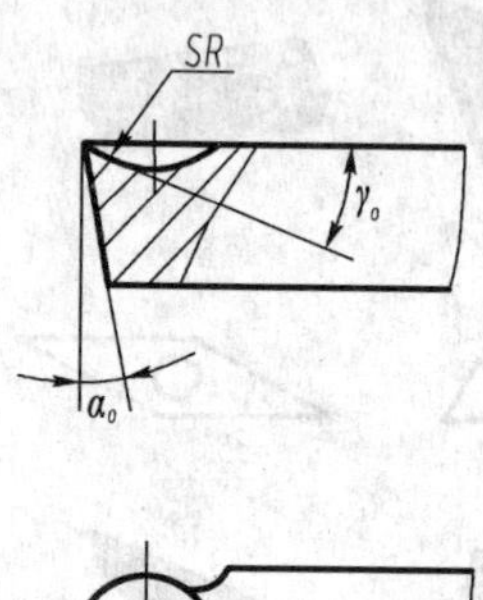

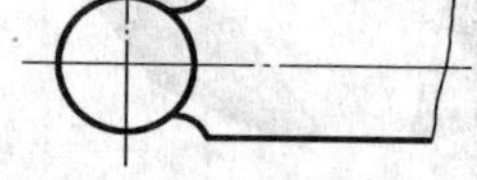

图 2-24　圆弧形车刀

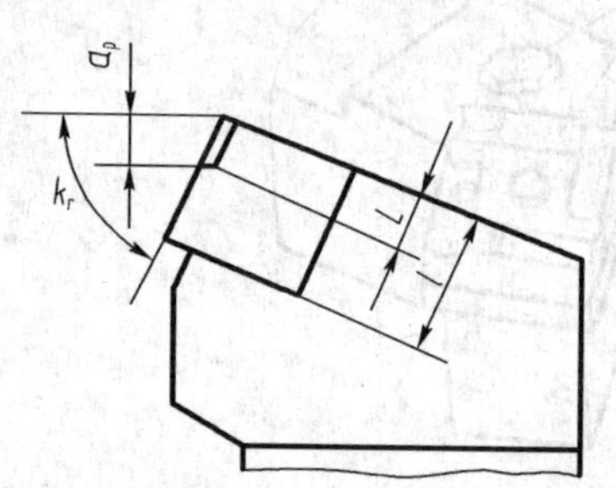

图 2-25　切削刃长度、背吃刀量与主偏角的关系

- **刀片形状的选择**　刀片形状主要依据被加工工件的表面形状、切削方法、刀具寿命和刀片的转位次数等因素选择。表 2-1 所示为被加工表面形状及适用的刀片形状，表中刀片型号组成见国家标准 GB2076—1987《切削刀具可转位刀片型号表示规则》。

表 2-1　被加工表面与适用的刀片形状

车削外圆表面	主　偏　角	45°	45°	60°	75°	95°
	刀片形状及加工示意图					
	推荐选用刀片	SCMA SPMR SCMM SNMM-8 SPUN SNMM-9	SCMA SPMR SCMM SNMG SPUN SPGR	TCMA TNMM-8 TCMM TPUN	SCMM SPUM SCMA SPMR SNMA	CCMA CCMM CNMM-7
车削端面	主　偏　角	75°	90°	90°	95°	
	刀片形状及加工示意图					
	推荐选用刀片	SCMA SPMR SCMM SPUR SPUN CNMG	TNUN TNMA TCMA TPUM TCMM TPMR	CCMA	TPUN TPMR	
车削成型面	主　偏　角	15°	45°	60°	90°	93°
	刀片形状及加工示意图					
	推荐选用刀片	RCMM	RNNG	TNMM-8	TNMG	TNMA

7. 切削用量的选择

数控车床加工中的切削用量包括：背吃刀量、主轴转速或切削速度（用于恒线速切削）、进给速度或进给量。上述切削用量应在说明书给定的允许范围内选取。

（1）背吃刀量的确定

在工艺系统刚性和机床功率允许的条件下，尽可能选取较大的背吃刀量，以减少进给次数。当零件的精度要求较高时，则应考虑适当留出精车余量，其所留精车余量一般比普通车削时所留余量少，常取 0.1～0.5 mm。

（2）主轴转速的确定

① 光车时主轴转速　光车时主轴转速应根据零件上被加工部位的直径，并按零件和刀具的材料及加工性质等条件所允许的切削速度来确定。切削速度除了计算和查表选取外，还可根据实践经验确定。需要注意的是交流变频调速数控车床低速输出力矩小，因而切削速度不能太低。切削速度确定之后，用式 $v_c=\frac{\pi dn}{1000}$ 计算主轴转速。表 2–2 所示为硬质合金外圆车刀车削速度的参考值，选用时，可参考选择。

表 2–2　硬质合金外圆车刀切削速度的参考数值

工件材料	热处理状态	a_p=0.3～2 mm f=0.08～0.3 mm/r $\frac{v_c}{m \cdot min^{-1}}$	a_p=2～6 mm f=0.3～0.6 mm/r $\frac{v_c}{m \cdot min^{-1}}$	a_p=6～10 mm f=0.6～1 mm/r $\frac{v_c}{m \cdot min^{-1}}$
低碳钢 易切钢	热轧	140～180	100～120	70～90
中碳钢	热轧	130～160	90～110	60～80
	调质	100～130	70～90	50～70
合金结构钢	热轧	100～130	70～90	50～70
	调质	80～110	50～70	40～60
工具钢	退火	90～120	60～80	50～70
灰铸铁	HBS<190	90～120	60～80	50～70
	HBS=190～225	80～110	50～70	40～60
高锰钢 W_{Mn}13%			10～20	
铜及铜合金		200～250	120～180	90～120
铝及铝合金		300～600	200～400	150～200
铸铝合金 W_{Si}13%		100～180	80～150	60～100

注：切削钢及灰铸铁时刀具耐用度为 60 min。

② 车螺纹时主轴转速　在切削螺纹时，车床的主轴转速将受到螺纹的螺距（或导程）大小、驱动电动机的升降频特性及螺纹插补运算速度等多种因素影响，故对于不同的数控系统，推荐不同的主轴转速选择范围。如大多数经济型车床数控系统推荐车螺纹时的主轴转速如式（2–1）所示：

$$n \leqslant \frac{1200}{P}-k \tag{2–1}$$

式中　P——工件螺纹的螺距或导程，单位为 mm；

　　　K——保险系数，一般取为 80。

（3）进给速度的确定

进给速度是指在单位时间内，刀具沿进给方向移动的距离（单位为 mm/min）。有些数控车床规定可以选用进给量（单位为 mm/r）表示进给速度。

① 确定进给速度的原则：

- 当工件的质量要求能够得到保证时，为提高生产率，可选择较高（2 000 mm/min 以下）的进给速度。
- 切断、车削深孔或精车削时，宜选择较低的进给速度。
- 刀具空行程，特别是远距离“回零”时，可以设定尽量高的进给速度。
- 进给速度应与主轴转速和背吃刀量相适应。

② 进给速度的计算：

- 单向进给速度的计算　单向进给速度包括纵向进给速度和横向进给速度，其值按式 $v_f=nf$ 计算。式中 f 为进给量，粗车时一般取为 0.3～0.8 mm/r，精车时常取 0.1～0.3 mm/r，切断时常取 0.05～0.2 mm/r。表 2-3 和表 2-4 分别为硬质合金车刀粗车外圆、端面的进给量参考值和半精车、精车的进给量参考值，供参考选用。

表 2-3　硬质合金车刀粗车外圆及端面的进给量

工件材料	车刀刀杆尺寸 $B \times H$/mm	工件直径 d_w/mm	背吃刀量 a_p/mm				
			≤3	>3～5	>5～8	>8～12	>12
			进给量 f / (mm · r^{-1})				
碳素结构钢、合金结构钢	16×25	20	0.3～0.4	—	—	—	—
		40	0.4～0.5	0.3～0.4	—	—	—
		60	0.5～0.7	0.4～0.6	0.3～0.5	—	—
		100	0.6～0.9	0.5～0.7	0.5～0.6	0.4～0.5	—
		400	0.8～1.2	0.7～1.0	0.6～0.8	0.5～0.6	—
	20×30 25×25	20	0.3～0.4	—	—	—	—
		40	0.4～0.5	0.3～0.4	—	—	—
		60	0.5～0.7	0.5～0.7	0.4～0.6	—	—
		100	0.8～1.0	0.7～0.9	0.5～0.7	0.4～0.7	—
		400	1.2～1.4	1.0～1.2	0.8～1.0	0.6～0.9	0.4～0.6
铸铁及铜合金	16×25	40	0.4～0.5	—	—	—	—
		60	0.5～0.8	0.5～0.8	0.4～0.6	—	—
		100	0.8～1.2	0.7～1.0	0.6～0.8	0.5～0.7	—
		400	1.0～1.4	1.0～1.2	0.8～1.0	0.6～0.8	—
	20×30 25×25	40	0.4～0.5	—	—	—	—
		60	0.5～0.9	0.5～0.8	0.4～0.7	—	—
		100	0.9～1.3	0.8～1.2	0.7～1.0	0.5～0.8	—
		400	1.2～1.8	1.2～1.6	1.0～1.3	0.9～1.1	0.7～0.9

注：1. 加工断续表面及有冲击的工件时，表内进给量应乘系数 k=0.75 × 0.85。

2. 在无外皮加工时，表内进给量应乘系数 k=1.1。

3. 加工耐热钢及其合金时，进给量不大于 1 mm/r。

4. 加工淬硬钢时，进给量应减小。当钢的硬度为 44～56 HRC 时，乘系数 k=0.8；当钢的硬度为 57～62 HRC 时，乘系数 k=0.5。

- **合成进给速度的计算**　合成进给度是指刀具做合成（斜线及圆弧插补等）运动时的进给速度，如加工斜线及圆弧等轮廓零件时，这些刀具的进给速度由纵、横两个坐标轴同时运动的速度决定，即 $v_{fH}=\sqrt{v^2_{fx}+v^2_{fz}}$。

表 2-4　按表面粗糙度选择进给量的参考值

工件材料	表面粗糙度 Ra/μm	切削速度范围 v_c/m·min^{-1}	刀尖圆弧半径 r_g/mm 0.5	1.0	2.0
			进给量 f/(mm·r^{-1})		
铸铁、青铜、铝合金	>5～10	不限	0.25～0.40	0.40～0.50	0.50～0.60
	>2.5～5		0.15～0.25	0.25～0.40	0.40～0.60
	>1.25～2.5		0.10～0.15	0.15～0.20	0.20～0.35
碳钢及合金钢	>5～10	<50	0.30～0.50	0.45～0.60	0.55～0.70
		>50	0.40～0.55	0.55～0.65	0.65～0.70
	>2.5～5	<50	0.18～0.25	0.25～0.30	0.30～0.40
		>50	0.25～0.30	0.30～0.35	0.30～0.50
	>1.25～2.5	<50	0.10	0.11～0.15	0.15～0.22
		50～100	0.11～0.16	0.16～0.25	0.25～0.35
		>100	0.16～0.20	0.20～0.25	0.25～0.35

注：r_g=0.5 mm，用于 12×12 mm 以下刀杆；r_g=1 mm，用于 30×30 mm 以下刀杆；r_g=2 mm，用于 30×45 mm 以上刀杆。

任务 2-1　轴类零件的数控车削加工工艺分析

下面以图 2-26 所示零件为例，介绍其数控车削加工工艺。

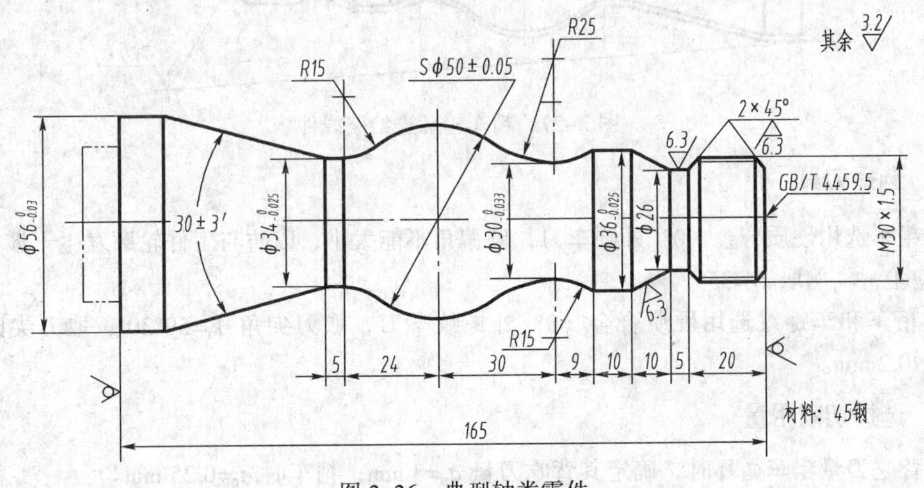

图 2-26　典型轴类零件

一、零件图工艺分析

该零件表面由圆柱、圆锥、顺圆弧、逆圆弧及双线螺纹等表面组成。其中多个直径尺寸有较严的尺寸精度和表面粗糙度等要求；球面 $S\phi50$ mm 的尺寸公差还兼有控制该球面形状（线轮廓）误差的作用。尺寸标注完整，轮廓描述清楚。零件材料为 45 钢，无热处理和硬度要求。

通过上述分析，采取以下几点工艺措施：

① 对图样上给定的几个精度（IT7～IT8）要求较高的尺寸，因其公差数值较小，故编程时不必取平均值，而全部取其基本尺寸即可。

② 在轮廓曲线上，有三处为过象限圆弧，其中两处为既过象限又改变进给方向的轮廓曲线，因此在加工时应进行机械间隙补偿，以保证轮廓曲线的准确性。

③ 为便于装夹，坯件左端应预先车出夹持部分（双点画线部分），右端也应先车出并钻好中心孔。毛坯选 $\phi60$ mm 棒料。

二、确定装夹方案

确定坯件轴线和左端大端面（设计基准）为定位基准。左端采用三爪自定心卡盘定心夹紧、右端采用活动顶尖支撑的装夹方式。

三、确定加工顺序及进给路线

加工顺序按由粗到精、由近到远（由右到左）的原则确定。即先从右到左进行粗车（留 0.25 mm 精车余量），然后从右到左进行精车，最后车削螺纹。

SIEMENS 802C 和 FANUC 0i 数控系统都具有粗车循环和车螺纹循环功能，只要正确使用编程指令，机床数控系统就会自行确定其进给路线，因此该零件的粗车循环和车螺纹循环不需要人为确定其进给路线。但精车的进给路线需人为确定，该零件是从右到左沿零件表面轮廓进给，如图 2-27 所示。

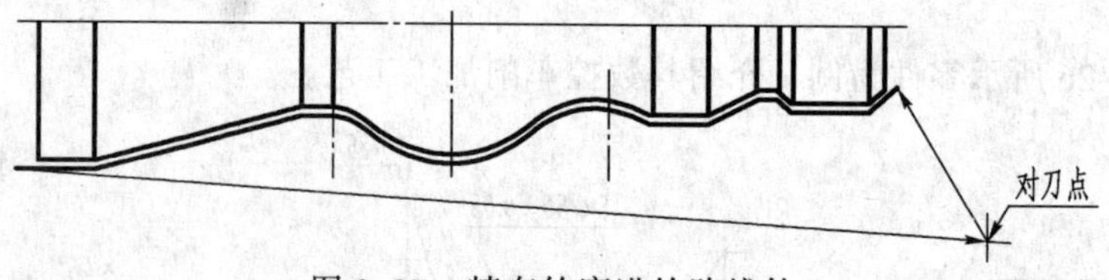

图 2-27　精车轮廓进给路线件

四、选择刀具

① 粗车选用硬质合金 90° 外圆车刀，副偏角不能太小，以防与工件轮廓发生干涉，必要时应作图检验，本例取 k_r'=35°。

② 精车和车螺纹选用硬质合金 60° 外螺纹车刀，取刀尖角 ε_r=59°30′，取刀尖圆弧半径 r_ε=0.15～0.2 mm。

五、选择切削用量

① 背吃刀量粗车循环时，确定其背吃刀量 a_p=3 mm；精车时 a_p=0.25 mm。

② 主轴转速：

- 车直线和圆弧轮廓时的主轴转速　查表取粗车的切削速度 v_c=90 m/min，精车的切削速度 v_c=120 m/min，根据坯件直径（精车时取平均值），利用式 $v_c=\frac{\pi dn}{1000}$ 计算，并结合机床说明书选取：粗车时，主轴转速 n=500 r/min；精车时，主轴转速 n=1 200 r/min。
- 车螺纹时的主轴转速　用式（2-1）计算，取主轴转速 n=320 r/min。
- 进给速度　先选取进给量，然后用式 $v_f=nf$ 计算。粗车时，选取进给量 f=0.4 mm/r，精车时，选取 f=0.15 mm/r，计算得：粗车进给速度 v_f=200 mm/r；精车进给速度 v_f=180 mm/r。车螺纹的进给量等于螺纹导程，即 f=3 mm/r。短距离空行程的进给速度取 v_f=300 mm/min。

因该零件共步数及所用刀具较少，故工艺文件略。

1. 能根据零件图的技术要求，正确进行工艺分析；
2. 能运用前面所学相关知识进行切削用量、切削刀具的合理选择；
3. 能根据零件的具体结构进行夹具的正确选用；
4. 熟悉轴类零件常见工艺分析的方法、步骤。

任务 2-2　轴套类零件的数控车削加工工艺分析

一、轴套类零件数控车削加工工艺

下面以在 MT-50 数控车床上加工一典型轴套类零件的一道工序为例说明其数控车削加工工序设计过程。图 2-28 为本工序的工序图，图 2-29 为该零件进行本工序数控加工前的工序图。

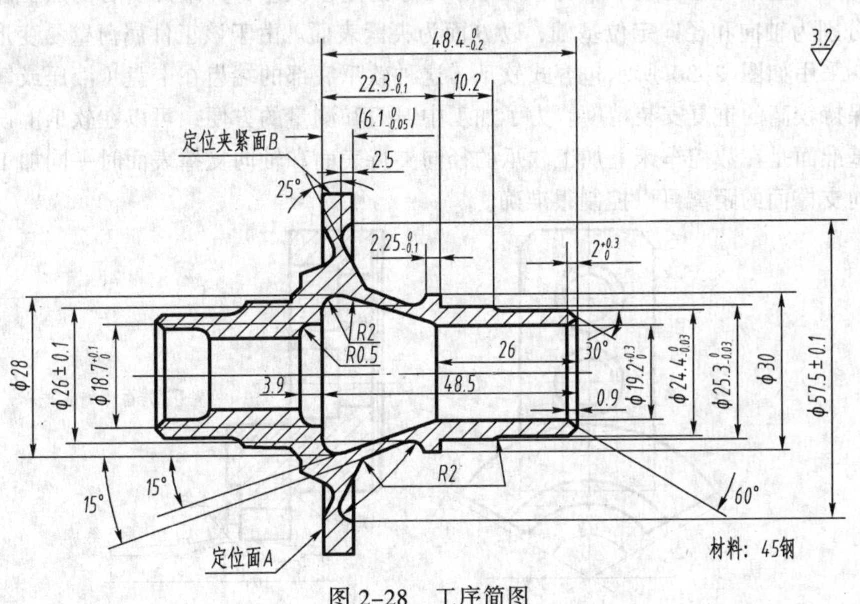

图 2-28　工序简图

二、零件图工艺分析

由图 2-28 可知，本工序加工的部位较多，精度要求较高，且工件壁薄易变形。

从结构上看，该零件由内、外圆柱面，内、外圆锥面，平面及圆弧等组成，结构形状较复杂，很适合数控车削加工。

从尺寸精度上看，$\phi 24.4^{\ 0}_{-0.03}$ mm 和 $6.1^{\ 0}_{-0.05}$ mm 两处加工精度要求较高，需仔细对刀和认真调整机床。此外，工件外圆锥面上有几处半径为 2 mm 的圆弧面，由于圆弧半径较小，可直接用成型刀车削而不用圆弧插补程序切削，这样既可减小编程工作量，又可提高切削效率。

此外，该零件的轮廓要素描述、尺寸标注均完整，且尺寸标注有利于定位基准与编程原点的统一，便于编程加工。

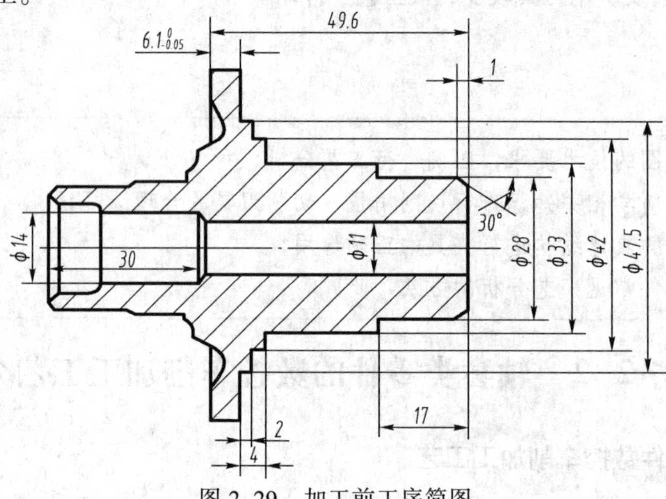

图 2-29　加工前工序简图

三、确定装夹方案

为了使工序基准与定位基准重合，减小本工序的定位误差，并敞开所有的加工部位，选择 *A* 面和 *B* 面分别为轴向和径向定位基础，以 *B* 面为夹紧表面。由于该工件属薄壁易变形件，为减少夹紧变形，采用如图 2-30 所示包容式软爪。这种软爪底部的端齿在卡盘（液压或气动卡盘）上定位，能保持较高的重复安装精度。为了加工中对刀和测量的方便，可以在软爪上设定一个基准面，这个基准面是在数控车床上加工软爪的径向夹持表面和轴向支撑表面时一同加工出来的。基准面至轴向支撑面的距离可以控制很准确。

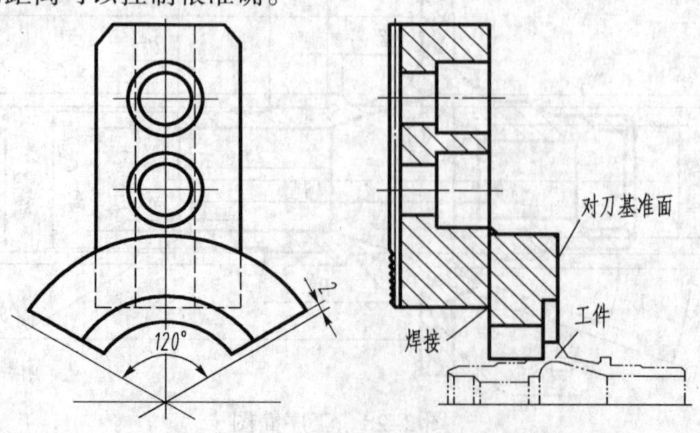

图 2-30　包容式软爪

四、确定加工顺序及进给路线

由于该零件比较复杂，加工部位比较多，因而需采用多把刀具才能完成切削加工。根据加工顺序和切削加工进给路线的确定原则，本零件具体的加工顺序和进给路线确定如下：

① 粗车外表面　由于是粗车，可选用一把刀具将整个外表面车削成形，其进给路线如图 2-31 所示。图中虚线是对刀时的进给路线（用 10 mm 的量规检查停在对刀点的刀尖至基准面得距离，下同）。

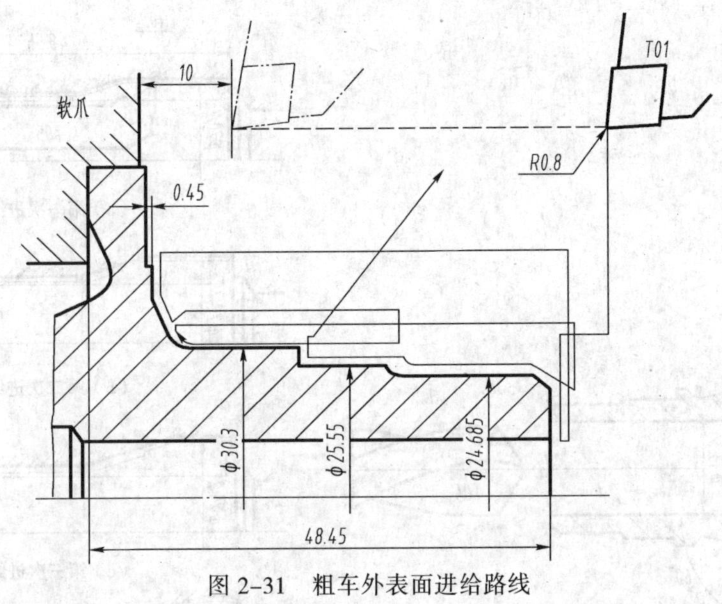

图 2-31　粗车外表面进给路线

② 半精车外锥面 25°、15° 两圆锥面及三处半径为 2 mm 的过渡圆弧共用一把成形刀车削，图 2-32 所示为其进给路线。

③ 粗车内孔端部　本工步的进给路线如图 2-33 所示。

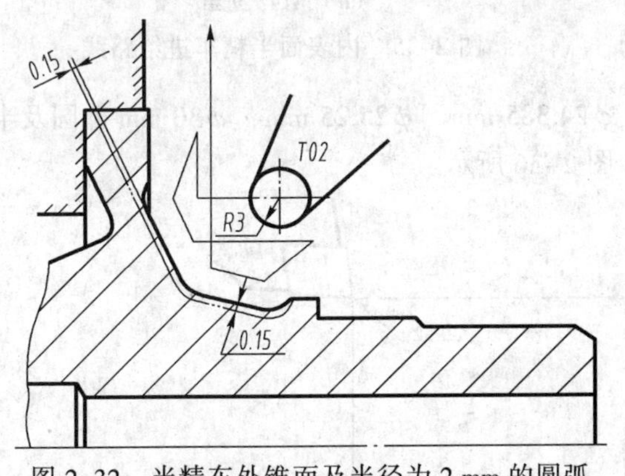

图 2-32　半精车外锥面及半径为 2 mm 的圆弧

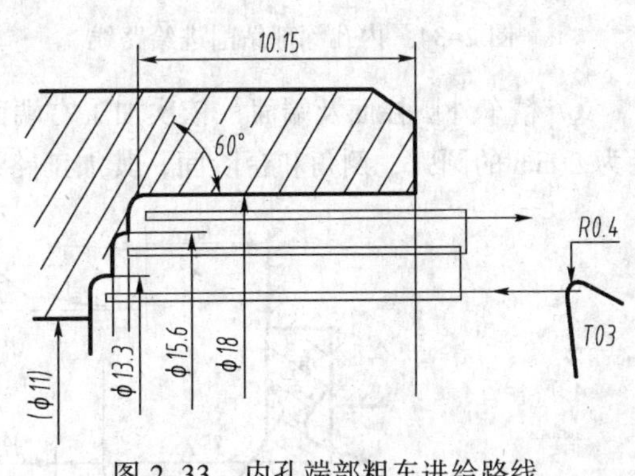

图 2-33　内孔端部粗车进给路线

④ 钻削内孔深部　进给路线如图 2-34 所示。

③、④两个工步均为对内孔表面进行粗加工，加工内容相同，一般可合并为一个工步，或用车削或钻削，此处将其划分成两个工步的原因是：在离夹持部位较远的孔端部安排一个车削工步

可减小切削变形，因为车削力比钻削力小；在孔深处安排一钻削工步可提高加工效率，因为钻削效率比车削高，且切屑易于排出。

⑤ 粗车内锥面及半精车其余内表面，其具体加工内容为半精车 $\phi 19.2^{+0.3}_{0}$ mm 内圆柱面、半径为 2mm 圆弧面及左侧内表面，粗车 150 mm 内圆锥面。由于内锥面需切余量较多，故一共进给四次，进给路线如图 2-35 所示，每两次进给之间都安排一次退刀停车，以便操作者及时钩除孔内切屑。

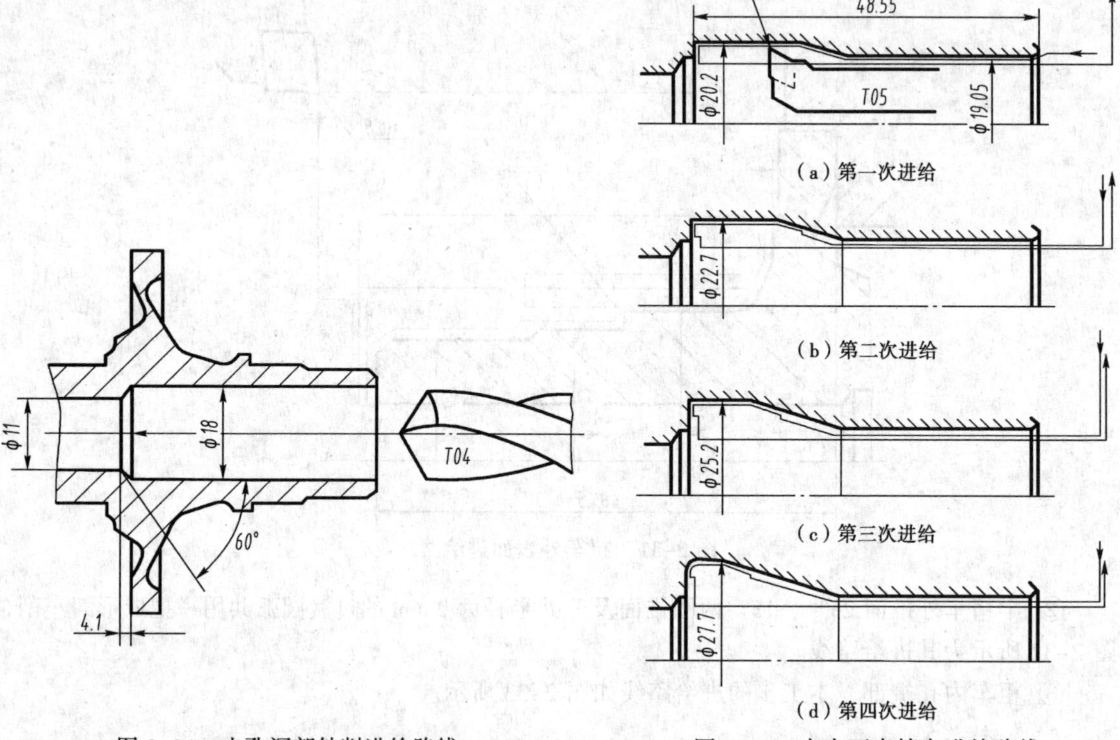

图 2-34　内孔深部钻削进给路线　　图 2-35　内表面半精车进给路线

⑥ 精车外圆柱面及端面　依次加工右端面，$\phi 24.385$ mm、$\phi 25.25$ mm、$\phi 30$ mm 外圆及半径为 2 mm 的圆弧，倒角和台阶面，其加工路线如图 2-36 所示。

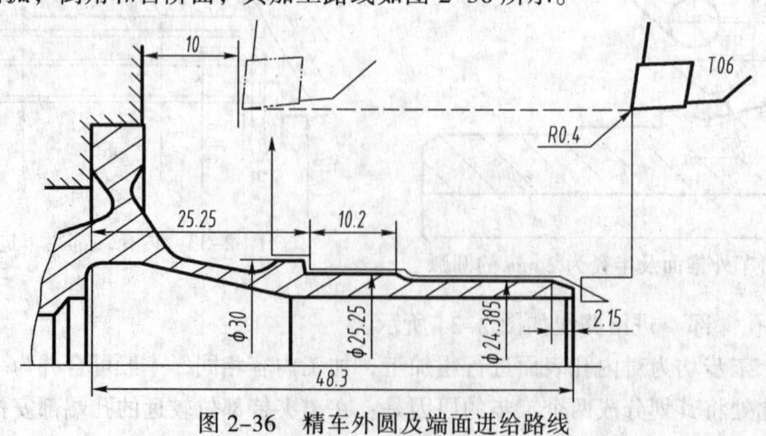

图 2-36　精车外圆及端面进给路线

⑦ 精车 25° 外圆锥面及半径为 2 mm 的圆弧面　用带半径为 2 mm 的圆弧车刀，精车外圆锥面，其进给路线如图 2-37 所示。

⑧ 精车 15° 外圆锥面及半径为 2 mm 的圆弧面　其进给路线如图 2-38 所示。程序中同样在软爪基准面进行选择对刀，但应注意的是受刀具圆弧制造误差的影响，对刀后不一定能满足图 2-28 中的尺寸 $2.25_{-0.1}^{\ 0}$ mm 的公差要求。对于该刀具的轴向刀补量，还应根据刀具圆弧半径的实际值进行处理，不能完全由对刀决定。

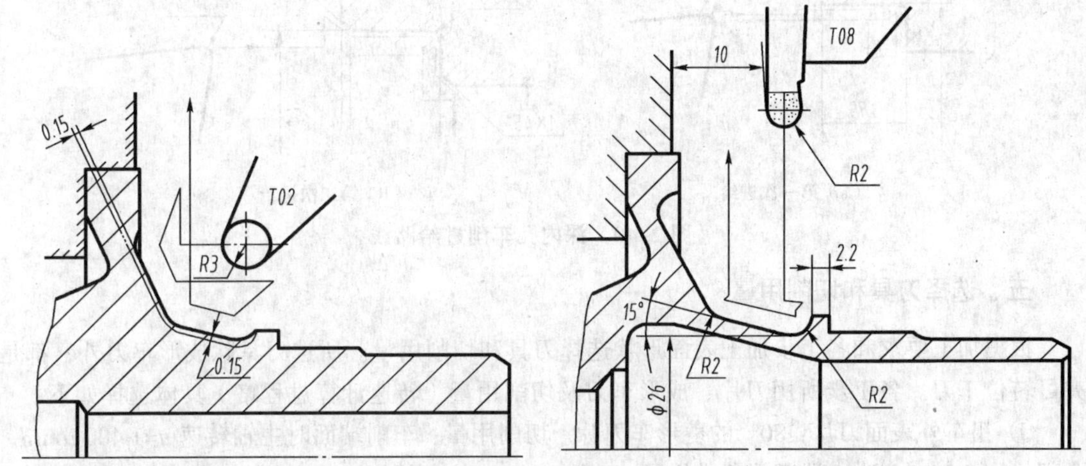

图 2-37　精车 25°外圆锥及半径为 2 mm 的圆弧进给路线　　图 2-38　精车 15°外圆锥面进给路线

⑨ 精车内表面　其具体车削内容为 $\phi 19.2_{\ 0}^{+0.3}$ mm 内孔、150 mm 内锥面、半径为 2 mm 的圆弧及锥孔端面，其进给路线如图 2-39 所示。该刀具在工件外端面上进行对刀，此时外端面上已无加工余量。

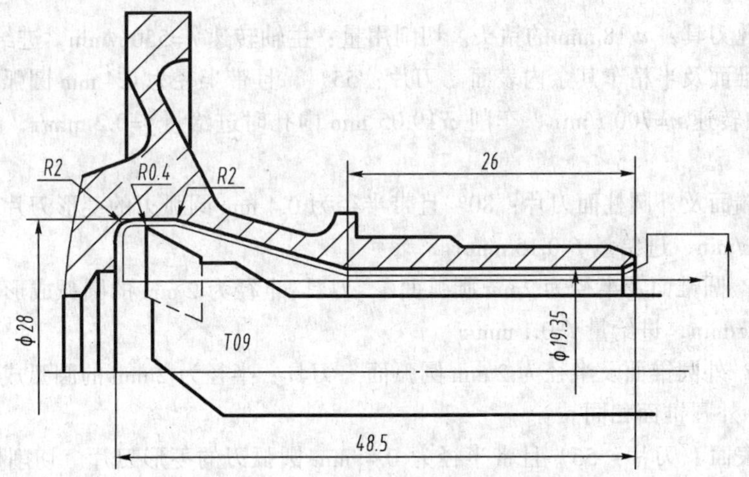

图 2-39　精车内表面进给路线

⑩ 加工最深处 $\phi 18.7_{\ 0}^{+0.1}$ mm 内孔及端面加工需安排二次进给，中间退刀一次以便钩除切屑，其进给路线如图 2-40 所示。

在安排本工步进给路线时，要特别注意妥善安排内孔根部端面车削时的进给方向。因为刀具伸入较长，刀具刚性欠佳，如采用与图示反方向进给车削端面，则切削时容易产生振动。

在图 2-40 中可以看到两处 1×45° 的倒角加工，类似这样的小倒角或小圆弧的加工是数控车削的程序编制中精心安排的，这样可使加工表面之间圆滑转接过渡。只要图样上无“保持锐角边”的特殊要求，均可照此处理。

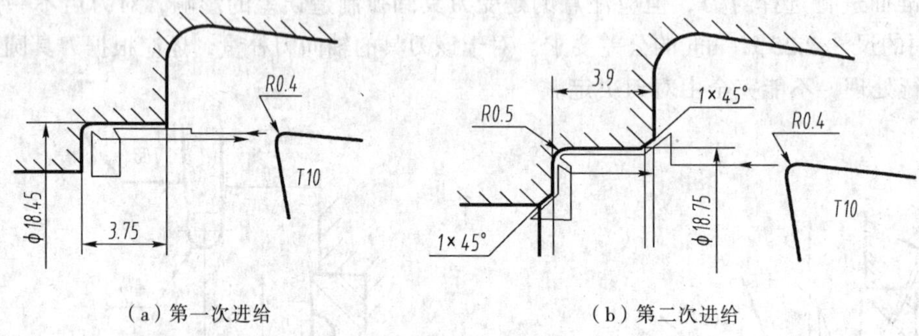

（a）第一次进给　　（b）第二次进给

图 2-40　深内孔车削进给路线

五、选择刀具和切削用量

根据加工要求和各工步加工表面形状选择刀具和切削用量。所选刀具除成形车刀外，都是机夹可转位车刀。各工步所用刀片、成形车刀及切削用量（转速计算过程略）具体选择如下：

① 粗车外表面刀片：80° 的菱形车刀片。切削用量：车削端面时主轴转速 n=1 400 r/min，其余部位 n=1 000 r/min，端部倒角进给量 f=0.15 mm/r，其余部位 f=0.2～0.25 mm/r。

② 半精车外锥面刀片：ϕ6 mm 的圆形刀片。切削用量：主轴转速 n=1 000 r/min，切入时的进给量 f=0.1 mm/r，进给时 f=0.2 mm/r。

③ 粗车内孔端部刀片：60° 且带半径为 0.4 mm 圆刃的三角形刀片。切削用量：主轴转速 n=1 000 r/min，进给量 f=0.1 mm/r。

④ 钻削内孔刀具：ϕ18 mm 的钻头。切削用量：主轴转速 n=550 r/min，进给量 f=0.15 mm/r。

⑤ 粗车内锥面及半精车其余内表面　刀片：55°，且带半径为 0.4 mm 圆弧刃的菱形刀片。切削用量：主轴转速 n=700 r/min，车削 ϕ19.05 mm 内孔时进给量 f=0.2 mm/r，车削其余部位时 f=0.1 mm/r。

⑥ 精车外端面及外圆柱面刀片：80° 且带半径为 0.4 mm 圆弧刃的菱形刀片。切削用量：主轴转速 n=1 400 r/min，进给量 f=0.15 mm/r。

⑦ 精车 25° 圆锥面及半径为 2mm 圆弧面　刀具：半径为 2 mm 的圆弧成形车刀。切削用量：主轴转速 n=700 r/min，进给量 f=0.1 mm/r。

⑧ 精车 15° 外圆锥面及半径为 2 mm 圆弧面　刀具：半径为 2 mm 的圆弧成形车刀。切削用量与精车刀 25° 外圆锥面相同。

⑨ 精车内表面　刀片：55° 且带半径为 0.4 mm 圆弧刃的菱形刀片。切削用量：主轴转速 n=1 000 r/min，进给量 f=0.1 mm/r。

⑩ 削深处 $\phi 18.7^{+0.1}_{0}$ mm 内孔及端面　刀片：80° 且带半径为 0.4mm 圆弧刃的菱形刀片。切削用量：主轴转速 n=1 000 r/min，进给量 f=0.1 mm/r。

在确定了零件的进给路线，选择了切削刀具之后，若使用刀具较多，为直观起见，可结合零件定位和编程加工的具体情况，绘制一份刀具调整图。图 2-41 所示为本例的刀具调整图。

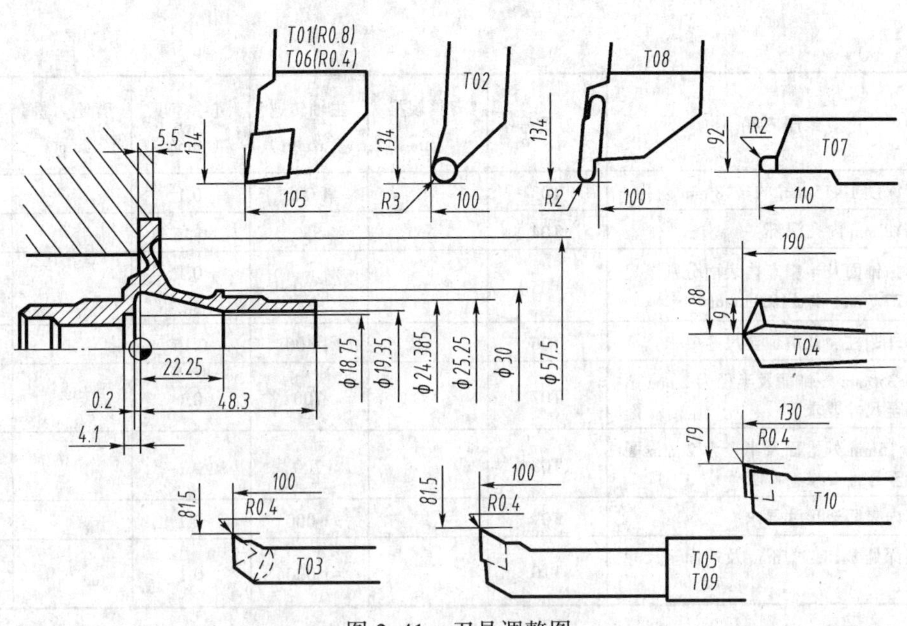

图 2-41　刀具调整图

在刀具调整图中，要反映如下内容：

① 本工序所需刀具的种类、形状、安装位置、预调尺寸和刀尖圆弧半径值等，有时还包括刀补组号。

② 刀位点。若以刀具端点为刀位点时，则刀具调整图中 X 向和 Z 向的预调尺寸终止线交点即为刀具的刀位点。

③ 工件的安装方式及待加工部位。

④ 工件的坐标原点。

⑤ 主要尺寸的程序设定值（一般取为工件尺寸的中值）。

六、填写工艺文件

① 按加工顺序将各工步的加工内容、所用刀具及切削用量等填入表 2-5 数控加工工序卡片中。

表 2-5　数控加工工序卡片

<table>
<tr><td rowspan="2">（工厂）</td><td rowspan="2" colspan="2">数控加工工序卡片</td><td colspan="2">产品名称或代号</td><td>零件名称</td><td>材料</td><td>图号</td></tr>
<tr><td colspan="2"></td><td>轴套</td><td>45 钢</td><td></td></tr>
<tr><td>工艺序号</td><td>程序编号</td><td>夹具名称</td><td>夹具编号</td><td colspan="3">使用设备</td><td>车间</td></tr>
<tr><td></td><td></td><td>包容式三爪</td><td></td><td colspan="3">MT-50</td><td></td></tr>
</table>

工步号	工作内容	刀具号	刀具规格/mm	主轴转速/（r/min）	进给速度/（mm/r）	背吃刀量/mm	备注
1	a. 粗车外表面分别至尺寸 ϕ24.68 mm、ϕ25.55 mm、ϕ30.3 mm； b. 粗车端面	T01		1 000 1 400	0.2～0.25 0.15		
2	半精车外锥面，留精车余量 0.15 mm	T02		1 000	0.1 0.2		

续表

工序号	工序内容	刀具号	刀具规格 /mm	主轴转速 /（r/min）	进给速度 /（mm/r）	背吃刀量 /mm	备注
3	粗车深度 10.15 mm 的 ϕ18 mm 内孔	T03		1 000	0.1		
4	钻 ϕ18 mm 内孔深部	T04		550	0.15		
5	粗车内锥面及半精车内表面分别至尺寸 ϕ27.7 mm 和 ϕ19.05 mm	T05		700	0.1 0.2		
6	精车外圆柱面及端面至尺寸要求	T06		1 400	0.15		
7	精车 250mm 外锥面及半径为 2 mm 圆弧面至尺寸要求	T07		700	0.1		
8	精车 15mm 外锥面及半径为 2 mm 圆弧面至尺寸要求	T08		700	0.1		
9	精车内表面至尺寸要求	T09		1 000	0.1		
10	车削深处 $\phi 18.7^{+0.1}_{0}$ mm 及端面至尺寸要求	T10		1 000	0.1		

② 将选定的各工步所用刀具的刀具型号、刀片型号、刀片牌号及刀尖圆弧半径等填入表 2-6 数控加工刀具卡片中。

③ 将各工步的进给路线（图 2-31～图 2-40）绘成文件形式的进给路线图。本例因篇幅有限，故略去。

上述二卡一图是编制该轴套零件本工序数控车削加工程序的主要依据。

表 2-6　数控加工刀具卡片

产品名称		零件名称		零件图号		程序编号	
工序	刀具号	刀具名称	刀具型号	刀片 型号	刀片 牌号	刀尖半径 /mm	备注
1	T01	机夹可转位车刀	PCGCL2525-09Q	CCMT097308	GC435	0.8	
2	T02	机夹可转位车刀	PRJCL2525-06Q	RCMT060200	GC435	3	
3	T03	机夹可转位车刀	PTJCL1010-09Q	TCMT090204	GC435	0.4	
4	T04	ϕ18 mm 钻头					
5	T05	机夹可转位车刀	PDJNL1515-11Q	DNMA110404	GC435	0.4	
6	T06	机夹可转位车刀	PCGCL2525-08Q	CCMW080304	GC435	0.4	
7	T07	成形车刀				2	
8	T08	成形车刀				2	
9	T09	机夹可转位车刀	PDJNL1515-11Q	DNMA110404	GC435	0.4	
10	T10	机夹可转位车刀	PCJCL1515-06Q	CCMW060204	GC435	0.4	
编制		审核		批准		共 1 页	第 1 页

注：刀具型号组成见国家标准 GB/T 5343.1—1993《可转位车刀型号表示规则》和 GB/T 5343.2—1993《可转位车刀型式尺寸和技术要求》；刀片型号和尺寸见有关刀具手册；GC435 为山特维克（SandVik）公司涂层硬质合金刀片牌号。

1. 能根据零件图的技术要求，正确进行工艺分析；
2. 能运用前面所学相关知识进行切削用量、切削刀具的合理选择；
3. 能根据零件的具体结构进行夹具的正确选用；
4. 熟悉轴套类零件常见工艺分析的方法、步骤。

思考与练习

2–1 在编制数控车削加工工艺时，应首先考虑哪些方面的问题？

2–2 数控加工对刀具有何要求？常用数控车床有哪些类型？

2–3 制定数控车削加工工艺方案时应遵循哪些基本原则？

2–4 对于各加工表面要求光滑连接或光滑过渡时，进给路线应如何确定，为什么？

2–5 数控车削时，工序应如何划分？工序设计的内容有哪些？

2–6 数控加工对夹具有哪些要求？如何选择数控车床夹具？

2–7 确定图 2–42 所示套筒零件的加工顺序及进给路线，并选择相应的加工刀具。

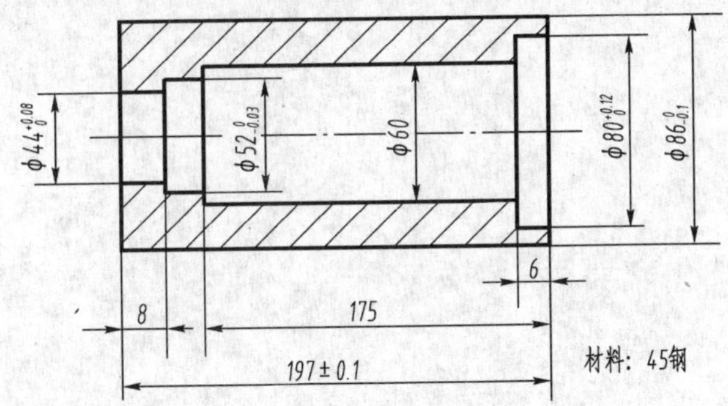

图 2–42 题 2–7 图

2–8 数控车削加工中的切削用量如何确定？试选择习题 2–7 所加工零件的切削用量。

2–9 编制图 2–43 所示轴类零件的数控车削加工工艺（毛坯为棒料）。

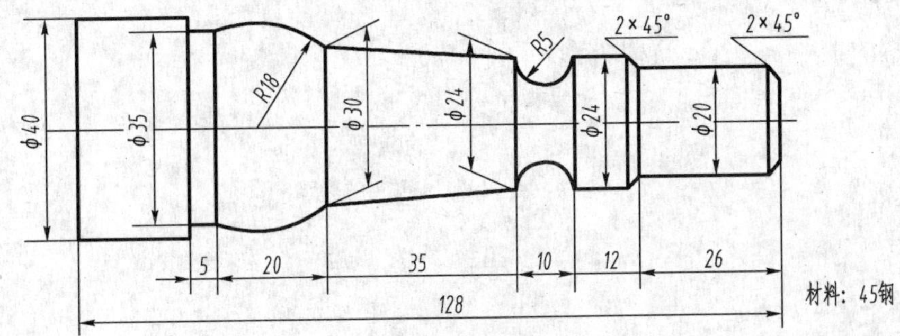

图 2–43 题 2–9 图

2-10　编制图 2-44 所示盘类零件的数控车削加工工艺（毛坯为铸件）。

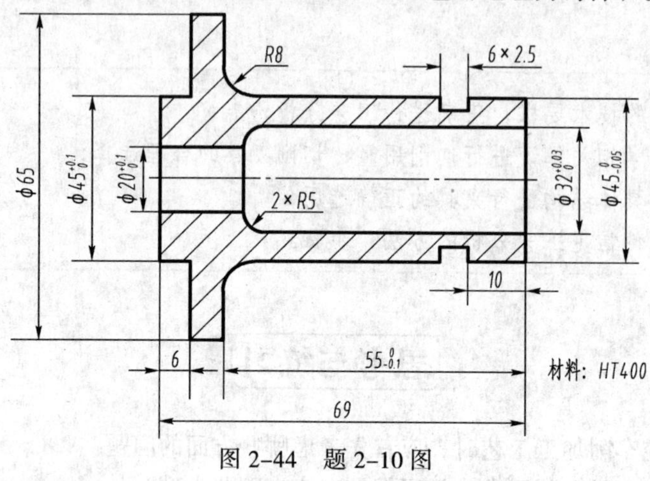

图 2-44　题 2-10 图

项目三
简单轴类零件加工编程

轴类零件是数控车削中常见的零件。通过本项目的学习，你将能够运用基本指令进行轴类零件车削加工编程。

学习编程指令

（一）SIEMENS 802S 系统编程指令

1．编程规则

① 下列指令状态是未经修改的系统启动默认状态。包括：G1（直线插补）、G18（*XZ* 平面）、G40（刀具半径补偿取消）、G500（取消可设定零点偏置）、G71（公制尺寸）、G95（转进给方式）、G23（直径尺寸）、G450（圆弧过渡）。

② 在同一程序段中允许出现多个 G 指令或 M 指令。但同一行中的 M 指令最多不允许超过 5GE，且不允许出现同一组的 G 代码。

③ 程序命名规则。西门子数控系统的程序的命名由“文件名”+“.”+“扩展名”组成。文件名可以由“字母”或“字母+数字”组成，文件名中不能带有除字母和数字以外的其他字符，并通过指定扩展名为 MPF 或是 SPF 来区分文件时主程序还是子程序。例如 ABC1.MPF 表示文件名为 ABC1 的主程序。调用子程序时，直接在程序中给出子程序名即可，如 ABC2P3 表示调用文件名为 ABC2 的子程序三次。

2．G 指令详解

（1）快速点定位指令 G00

① 功能：刀具以点定位控制的方式从刀具所在点快速移动到目标点，在这过程中不进行切削。

② 指令格式：

```
G00  X___  Z___;
```

③ 指令说明

a. X___ Z___为相应程序段的终点坐标值，在 G00 前添加 G90 或省略都表示采用绝对坐标方式编程，如果在G00前添加G91，即G91 G00 X___Z___则为增量坐标方式编程，那么X、Z后相应的值为终点相对于起点的增量坐标。当然不运动的坐标可以不写，例如：G00 X__或G00 Z__。

b. G00不指定刀具进给速度，其进给速度由机床系统参数设定。在实际操作时，也可通过机床操作面板上的倍率开关旋钮对G00的速度进行调节。

c. G00为模态指令，可用G01指令取消。

d. G00刀具移动轨迹通常为折线型轨迹。如图3-1所示，从起点*A*快速移动到目标点*C*程序段如下所示：

绝对坐标方式编程为：

```
G00  X40  Z60;
```

增量坐标方式编程为：

```
G91 G00 X20 Z40;
```

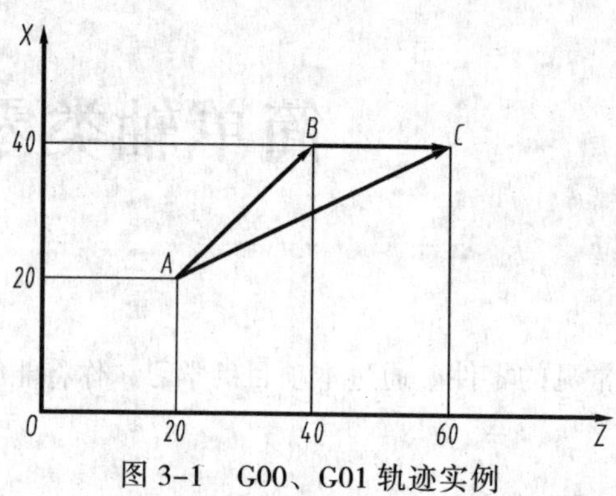

图3-1　G00、G01轨迹实例

执行上述程序段时，刀具的移动轨迹不是直线，而是折线，刀具先在*X*和*Z*轴方向上移动相同的增量，即*AB*的轨迹，然后再从*B*点移动至*C*点。

重要提示

由于G00的轨迹通常为折线型轨迹。所以使用G00指令时要注意刀具相对于工件、夹具所处的位置，以避免在进、退刀过程中刀具与工件、夹具等发生碰撞。

（2）直线插补指令G01

① 功能：直线插补指令G01，它命令刀具在两坐标轴间以插补联动的方式按指定的进给速度做任意斜率的直线运动。执行G01指令的刀具轨迹是一条直线型轨迹，它是连接起点和终点的一条直线。

② 指令格式

```
G01  X___  Z___  F___;
```

③ 指令说明

a. G01 X___Z___的坐标值含义与G00 X___Z___一致，区别是在这个过程中进行切削。

b. F___为刀具切削的进给速度。F为模态指令，在G01程序段中或之前必须含有F指令。F单位为mm/r或mm/min，默认值为mm/r。

c. G01为模态指令，可用G00指令取消。

d. 如图3-1所示，从起点*A*直线插补至目标点*B*、*C*程序段如下所示：

```
AB: G01  X40  Z40  F0.3;           （绝对坐标方式编程）
    G91  G00  X20  Z20  F0.3;      （增量坐标方式编程）
AC: G01  X40  Z60  F100;           （绝对坐标方式编程）
    G91  G00  X20  Z40  F0.3;      （增量坐标方式编程）
```

重要提示

① G01、G00 可省略成 G1、G0;

② G90/G91 是续效指令，在编程过程中可以相互转换。

（3）延时暂停指令 G04

① 功能：G04 指令，可使刀具做短时间的无进给光整加工或机床空运转，从而降低加工表面粗糙度。执行该程序段暂停给定时间，暂停时间过后，继续执行下一程序段。该指令常用于车削槽、台阶孔等场合，以提高表面加工质量。

② 指令格式：

```
G04  S___;S 指主轴转数
G04  F___;F 指暂停时间，单位为 s
```

③ 指令说明：G04 为非模态指令。

（4）圆弧插补指令 G02/G03

① 功能：G02 为顺时针圆弧插补；G03 为逆时针圆弧插补。

② 指令格式：

```
G02（G03）X__ Z__ I__ K__F__;         （终点坐标和圆心坐标方式）
G02（G03）X__Z__ CR=__F__ ;           （终点坐标和半径方式）
G02（G03）AR=__ I__ K__F__ ;          （圆弧张角和圆心坐标方式）
G02（G03）X__Z__ AR=__F__ ;           （终点坐标和圆弧张角方式）
G02（G03）X__Z__ IX=__ KZ=__ F__ ;    （中间点圆弧插补方式）
```

③ 指令说明：

a. 不论是绝对方式编程还是增量方式编程，I__ K__ 均为圆弧圆心相对起点分别在 *X*、*Z* 轴上的增量坐标。

b. CR=__为圆弧半径，“=”号不能省略。圆心角 $\alpha \leqslant 180°$ 时，CR 值用“+”表示或省略；当圆心角 $\alpha > 180°$ 时，CR 值用“—”表示，整圆不能用半径表示。

c. 圆弧张角和圆心坐标方式及终点坐标和圆弧张角方式中，AR 表示圆弧的张角（圆心角），单位为度（°）。

d. 车床上圆弧插补顺、逆方向可参照图 3–2 所示。沿 *Z* 轴正方向往负方向看为逆时针方向为 G03，顺时针方向为 G02。

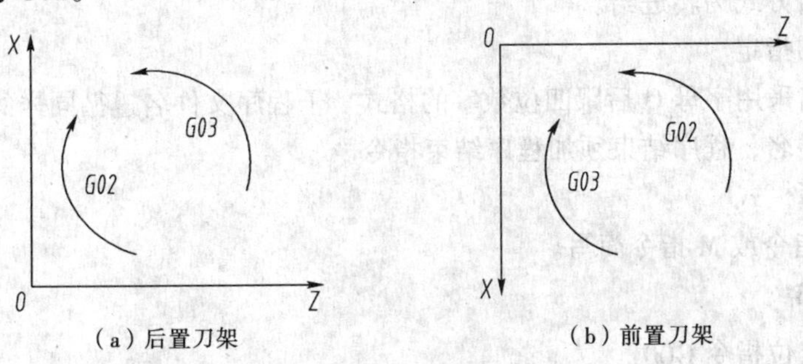

（a）后置刀架　　（b）前置刀架

图 3–2　圆弧顺逆方向判断

重要提示

①后置式刀架看到的顺时针、逆时针分别采用 G02、G03;

②前置式刀架看到的顺时针、逆时针分别采用 G03、G02。

3．M 指令的说明

M0（程序停止）、M1（程序有条件停止）、M2（程序结束）、M3（主轴正转）、M4（主轴反转）、M5（主轴停止）、M8（切削液开）、M9（切削液关）。系统使用 M17 指令代表子程序结束返回指令，也可以使用 RET 表示该功能。

4．换刀指令

指令格式：T___D___;

T1 表示转 1 号刀，D1 表示使用 1 号刀沿作为刀具补偿存储器。

重要提示

在实际编程中，如果任何一把刀具对应的刀补放在默认的位置 D1 时，刀补位可以省略，如 T1D1、T2D1 可以写成 T1、T2 效果是一样的。

（二）FANUC 0i 系统编程指令

1．编程规则

（1）小数点编程

在本系统中输入的任何坐标字（包括 X、Z、I、K、W、R 等）的数值后必须加小数点，即 X100 必须记做 X100.或 X100.0，否则系统会默认为坐标字数值为 100×0.001 mm=0.1 mm。该功能可以通过参数关闭。

（2）绝对方式与增量方式

FANUC 0i 数控车系统中用 U 或 W 表示增量方式。在程序中出现 U 即表示 *X* 方向的增量值，出现 W 即表示 *Z* 方向的增量值。同时允许绝对方式与增量方式混合编程。注意与使用 G90 和 G91 表示增量的系统区别。

（3）进给功能

系统默认进给方式为转进给。

（4）程序名的指定

本系统程序名采用字母 O 后跟四位数字的格式。子程序文件名遵循同样的命名规则。通常在程序开始指定文件名，程序结束须加程序结束指令。

（5）指令简写模式

系统支持 G 指令或 M 指令简写。

2．G 指令详解

（1）快速点定位指令 G00

① 功能：类似于 SEMENS 802S 系统中 G00。

② 指令格式：

```
G00  X(U)___Z(W)___;
```

（2）直线插补指令 G01

① 功能：类似于 SEMENS 802S 系统中 G01。

② 指令格式：

```
G01 X(U)___Z(W)___;
```

注：可以混用如 G1 X__ W__；G1 U__ Z__；

（3）延时暂停指令 G04

① 功能：类似于 SEMENS 802S 系统中 G04。

② 指令格式：

```
G04 X(U)___;      (X和U用法相同，其后跟延时时间，单位为s，其后需加小数点)
G04 P___;         (P后面数字为整数，单位为ms)
```

③ 指令说明

如果需延时 2 s，则指令可表述为：G4 X2.0 或 G4 U2.O 或 G4 P2000。

（4）圆弧插补指令 G02/G03

① 功能：类似于 SEMENS 802S 系统中 G02/G03。

② 指令格式：

```
G02/G03 X(U)__ Z(W)__ R__;
G02/G03 X(U)__ Z(W)__ I__ K__;
```

重要提示

SEMENS 系统和 FANUC 系统关于圆弧半径表述的最明显地方在于"CR="和"R"。

3．M 指令的说明

FANUC 0i 系统的 M 代码和功能之间的关系由机床制造商决定，一般遵循 ISO 标准。同样包括 M0（程序停止）、M1（程序有条件停止）、M2（程序结束）、M3（主轴正转）、M4（主轴反转）、M5（主轴停止）、M8（切削液开）、M9（切削液关）等。系统常用 M98 和 M99 指令表示子程序调用和子程序结束返回。系统常用 M30 指令结束程序（M30 指令表示程序结束，并且加工程序段跳转到程序首）。

4．换刀指令

换刀指令的指令格为 T-----；

该指令为 FANUC 系统转刀指令，前面的 T01 表示转 1 号刀，后面的 01 表示使用 1 号刀具补偿。刀具号与刀补号可以相同，也可以不同。

进行编程加工

任务 3-1 简单阶梯轴加工

一、分析零件图样

零件图样如图 3-3 所示，坯料尺寸为 ϕ45 mm，长 100 mm。

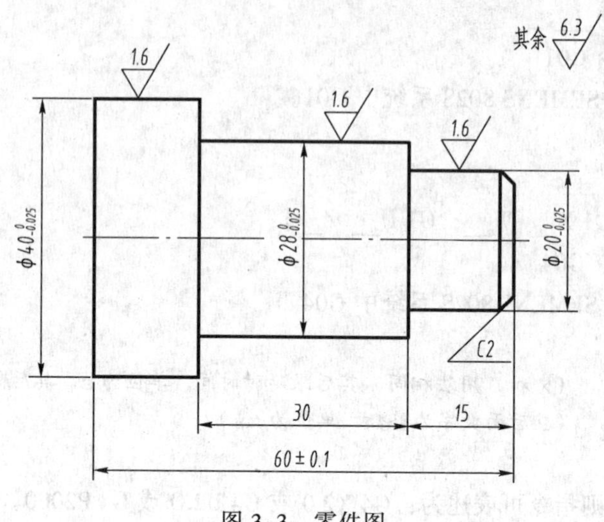

图 3–3　零件图

1．尺寸精度

本例中精度要求较高的尺寸主要有外圆 $\phi 40_{-0.025}^{\ 0}$、$\phi 28_{-0.025}^{\ 0}$、$\phi 20_{-0.025}^{\ 0}$，长度 60 ± 0.1。对于尺寸精度要求，主要通过在加工过程中的准确对刀、正确设置刀补及磨耗，以及正确制定合适的加工工艺等措施来保证。

2．表面粗糙度

本例中，加工后的外圆表面粗糙度要求为 *Ra* 1.6 μm，其余表面粗糙度为 *Ra* 6.3 μm。

对于表面粗糙度要求，主要通过选用合适的刀具及其几何参数，正确的粗、精加工路线，合理的切削用量及冷却等措施来保证。

二、分析加工工艺

1．编程原点的确定

由于工件在长度方向的要求较低，根据编程原点的确定原则，该工件的编程原点取在完工工件的右端面与主轴轴线相交的交点上。

2．制定加工方案及加工路线

（1）选择数控机床及数控系统

根据工件的形状及加工要求，选用 CK6132 数控车床进行本例工件的加工。数控系统选用 FANUC 0i—TA 或 SIEMENS 802D。

（2）制定加工方案与加工路线

采用一次装夹完成零件加工的方案，依次加工零件外形，完成粗、精加工。

重要提示

在数控加工中，刀具刀位点相对于零件运动的轨迹称为加工路线。加工路线的确定与工件的加工精度和表面粗糙度直接相关。

3．**工件定位、装夹与刀具选用**

（1）工件的定位及装夹

工件采用三爪卡盘进行定位夹紧。

（2）刀具的选用

图 3-4 刀具

本例选用图 3-4 所示的刀具，刀具材料选用硬质合金。根据实习条件，可选用整体式或机夹式车刀。

4．**确定加工参数**

加工参数的确定取决于实际加工经验、工件的加工精度及表面质量、工件的材料性质、刀具的种类及形状、刀柄的刚性等诸多因素。

（1）主轴转速 n

硬质合金刀具材料切削钢件时，切削速度 v 取 80～220 mm/min，根据公式 n=1 000 v / πD 及加工经验，并根据实际情况，本项目粗加工转速在 400～1 000 m/min 内选取，精加工的主轴转速在 800～2 000 r/min 内选取。

（2）进给速度 F

粗加工时，为提高生产效率，在保证工件质量的前提下，课选择较高的进给速度，一般取 100～200 mm/min。当进行切槽、切断、车孔加工或采用高速钢刀具进行加工时，应选用较低的进给速度，一般在 50～100 mm/min 内选取。

精加工的进给速度一般取粗加工进给速度的 1/2。

刀具空行程的进给速度一般取 G00 速度，或在 G01 时选取 F800～F1 500 mm/min。

（3）背吃刀量 a_p

背吃刀量根据机床与刀具的刚性及加工精度来确定，粗加工的背吃刀量一般取 2～5 mm（直径量），精加工的背吃刀量等于精加工余量，精加工余量一般取 0.2～0.5 mm（直径量）。

5．**制定加工工艺**

通过以上分析，本项目的加工工艺如表 3-1 所示。

表 3-1　数控加工工艺卡

（厂名）	数控加工工艺卡片	产品代号		零件名称		零件图号
工艺序号	程序编号	夹具名称	夹具编号		使用设备	车间
	数控加工工艺卡片					
工步号	工作内容（加工面）	刀具号	刀具规格	主轴转速	进给速度	背吃刀量
1	手动加工右端面（含 Z 向对刀）	T01	外圆车刀	600	0.15	0.5
2	粗加工右端外圆轮廓	T01	外圆车刀	600	0.3	2
3	精加工右端外圆轮廓	T01	外圆车刀	1 200	0.15	0.25
4	工件精度检测					
编制	审核		批准		共　页　第　页	

三、编写加工程序

1. 按 SIEMENS 802S 编写加工程序

```
EXE301. MPF                         程序名
G90  G95  G00  X100  Z100           程序初始化，绝对坐标编程，转进给
T1D1                                选1号刀，取1号刀补（外圆车刀）
S600  M03  M08                      主轴正传，转速 600 r/min，冷却液开
G00  X47  Z2                        快速定位至工件附近
G01  X40.5  Z2  F0.3                进给速度 0.3 mm/r
     Z-65                           粗加工采用分层切削的加工方法，每
     X42                            次背吃刀量为 2 mm（直径值为 4 mm），
G00  Z2                             X向精加工余量为 0.25 mm（半径值）
     X36
G01  Z-45
     X38
G00  Z2
     X32
G01  Z-45
     X34
G00  Z2
     X28.5
G01  Z-45
     X30
G00  Z2
     X24
G01  Z-15
     X26
G00  Z2
     X20.5
G01  Z-15
     X22
G00  Z2  S1200  M03                 精加工：主轴转速 1 200 r/min
G01  X16  Z0  F0.15                 （进给速度 0.15 mm/r，精加工时刀具
     X20  Z-2                       沿零件外形轮廓走刀，编程尺寸即零件图标注尺寸）
     Z-15
     X28
     Z-45
     X40
     Z-65
     X42
G00  X100  Z100  M05 M09            快速回坐标原点，冷却液关
M02                                 程序结束
```

2. 按 FANUC 0i—TA 编写加工程序

```
O3001                               程序名
T0101;                              选1号刀，取1号刀补（外圆车刀）
S600  M03  M08;                     主轴正转，转速 600 r/min，冷却液开
```

```
G00  X47.0  Z2.0 ;                                      快速定位至加工起点
G01  X40.5  Z2  F0.3;
     Z-67.0;
     X42.0;
G00  Z2.0;
     X36.0  Z2.0;
G01  Z-45.0;
     X38.0;
G00  Z2.0;
     X32.0;
G01  Z-45.0;
     X34.0;
G00  Z2.0;
     X28.5;
G01  Z-45.0;
     X30.0;
G00  Z2.0;
     X24.0;
G01  Z-15.0;
     X26.0;
G00  Z2.0;
     X20.5;
G01  Z-15.0;
     X22.0;
G00  Z2.0;
S1200  M3;
G01  X16.0  Z0.0  F0.15;
     X20.0  Z-2.0;
     Z-15.0;
     X28.0;
     Z-45.0;
     X40.0;
     Z-65.0;
     X42.0;
G00  X100.0  Z100.0  M09  M05;
M02;
```

注：FANUC 0i—TA 和 SIEMENS 802S 两系统编程基本相同，主要区别在于刀的调用指令格式不同，及 FANUC 是小数点编程。

1. 掌握 SIEMENS 系统和 FANUC 系统编程规则；
2. 能熟练运用插补指令 G00、G01 进行编程；
3. 能根据零件图要求，合理选择进刀路线和切削用量；
4. 能正确完成简单阶梯轴零件的加工，并确保零件的尺寸精度。

任务 3-2 槽加工及切断

一、分析零件图样

零件图样如图 3-5 所示，坯料尺寸为 ϕ45 mm，长 90 mm。该零件尺寸精度要求低，主要涉及切槽和倒角，从右端往左端径向尺寸呈逐渐递增规律。

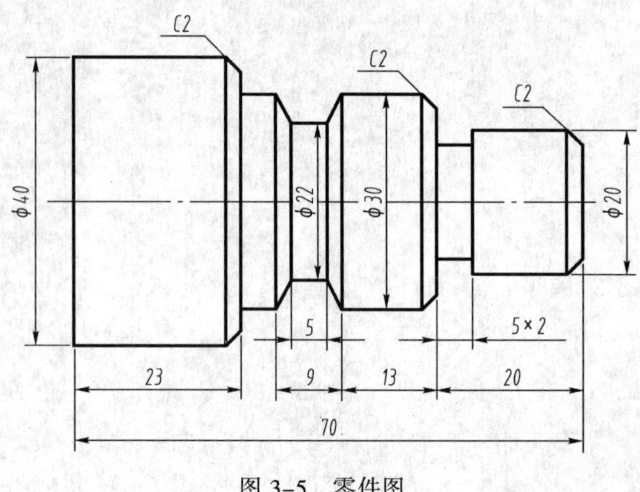

图 3-5 零件图

二、分析加工工艺

1. 编程原点的确定

由于工件在长度方向的要求较低，根据编程原点的确定原则，该工件的编程原点取在完工工件的右端面与主轴轴线相交的交点上。

2. 确定加工方案及选择加工路线

（1）选择数控机床及数控系统

根据工件的形状及加工要求，选用 CK6132 数控车床进行本例工件的加工。数控系统可选用 FANUC 0i—TA 或 SIEMENS 802S。

（2）确定加工方案与选择加工路线

采用一次装夹完成零件粗、精加工的加工方案，先加工外形轮廓，再切槽，最后切断。

3. 工件定位、装夹与刀具选用

（1）工件的定位及装夹

工件采用三爪卡盘进行定位与装夹。

（2）刀具的选用

本例选用图 3-6 所示的刀具。刀具材料选用硬质合金。根据实际条件，可选用整体式或机夹式车刀。

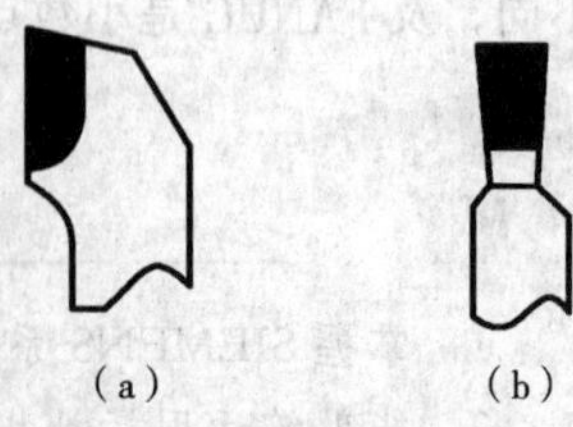

图 3-6 刀具的选用

4. 确定加工参数

加工参数的确定取决于实际加工经验、工件的加工精度及表面质量、工件的材料性质、刀具的种类及形状、刀柄的刚性等诸多因素，具体参数值如表 3-2 所示。

表 3-2 加工参数

刀 具	主轴转速 S/(r/min)	进给速度 F/（mm/r）	背吃刀量 a_p/mm
T1 外圆刀	粗车：400～800	0.2～0.4	1～2.5
	精车：800～1 000	0.1～0.2	0.1～0.25
T2 切槽刀刀宽 5 mm	300～500	0.1	

5．制定加工工艺

通过以上分析，本项目的加工工艺如表 3-3 所示。

表 3-3 数控加工工艺卡

（厂名）	数控加工工艺卡片	产品代号		零件名称		零件图号
工艺序号	程序编号	夹具名称	夹具编号	使用设备		车间
	数控加工工艺卡片					
工步号	工作内容（加工面）	刀具号	刀具规格	主轴转速/（r/min）	进给速度/（mm/r）	背吃刀量/mm
1	手动加工右端面（含 Z 向对刀）	T01	外圆车刀	600	0.3	0.5
2	粗加工右端外圆轮廓	T01	外圆车刀	600	0.3	2
3	精加工右端外圆轮廓	T01	外圆车刀	1 200	0.15	0.25
4	切槽（两处）	T02	切槽刀	500	0.15	
5	切断	T02	切槽刀	500	0.15	
6	工件精度检测					
编制		审核		批准		共 页 第 页

三、编写加工程序

1．按 SIEMENS 802S 编写加工程序

```
EXE302. MPF                    程序名
G90 G95 G00 X100  Z100         程序初始化，绝对坐标编程
T1D1                           选 1 号刀，取 1 号刀补（外圆车刀）
S600  M03  M08                 主轴正传，转速 600 r/min，冷却液开
G00  X47  Z2                   快速定位至加工起点
G01  X40.5  Z2  F0.3           直线插补，进给速度 0.3 mm/r
     Z-77                      粗加工：采用分层切削的加工方法
     X42                       每次背吃刀量为 2 mm（直径值为 4 mm）
G00  Z2                        精加工余量为 0.25 mm（半径值）
     X36
G01  Z-47
     X38
G00  Z2
     X32
```

```
G01  Z-47
     X34
G00  Z2
     X28
G01  Z-20
     X30
G00  Z2
     X24
G01  Z-20
     X26
G00  Z2
     X20.5
G01  Z-20
     X30.5
     Z-47
     X32
G00  Z2
S1200  M3                              精加工：主轴转速1 200 r/min
G0 X22  Z2
G01  X16  Z0  F0.15                    进给速度F约为粗加工的一半0.15 mm/r
     X20  Z-2
     Z-20
     X26
     X30  Z-22
     Z-47
     X36
     X40  Z-49
     Z-77
     X42
G00  X100  Z100  M5 M9
T2D1  S500  F0.15                      刀宽5 mm，以右角点为刀位点
G00  Z-20  X32
G01  X16
G04  F2                                槽底暂停2 s
G01  X32
     Z-40
     X22
G04  F2
G01  X32
     Z-42
     X30
     X22  Z-40
     X32
```

```
    Z-38                                        以割刀左角点为刀位点故Z坐标为-20、-13、-5
    X30
    X22  Z-40                                   因左角点为刀位点故Z坐标为-33、-5、-2
G00  X100
Z100  M09  M5
M02                                             程序结束
```

2．按 FANUC 0i—TA 编写加工程序

```
O3002                                           主程序名
T0101;                                          取1号刀补（外圆车刀）
S600  M03  M08;                                 主轴正转，转速600 r/min，冷却液开
G0  X40.5  Z2.0 ;                               快速定位至加工起点位置
G1  Z-77.0  F0.3;                               采用分层切削粗加工
    X42.0;
G0  Z2.0;
    X36.0  ;
G01  Z-47.0;
    X38.0;
G00  Z2.0;
    X32.0;
G01  Z-47.0;
    X34.0;
G00  Z2.0;
    X28.0;
G01  Z-20.0;
    X30.0;
G00  Z2.0;
    X24.0;
G01  Z-20.0;
    X26.0;
G00  Z2.0;
    X20.5;
G01  Z-20.0;
    X30.5;
Z-47.0;
    X32.0;
G00  Z2.0;
S1200  M3;                                      精加工转速1 200 r/min
    X22.0  Z2.0;
G01  X16.0  Z0.0  F0.15;
    X20.0  Z-2.0;
    Z-20.0;
    X26.0;
    X30.0  Z-22.0;
```

```
    Z-47.0;
    X36.0;
    X40.  Z-49.;
    Z-77.0;
    X42.0;
G00  X100.0  Z100.0  M5 M9;
T0202 ;                                    割槽刀，以左角为刀位点，刀宽 5 mm
G00  X32.0  Z-20.0 S500 M3 M8;
G01  X16.0  F0.15;
G04  X2.0;
G01  X32.0;
    Z-40.0;
    X22.0;
G04  X2.0;
    X32.0;
    Z-42.0;
    X30.0;
    X22.0  Z-40.0;
    X32.0;
    Z-38.0 ;
    X30.0;
    X22.0  Z-40.0;
    X32.0;
G00  X100.0 ;
    Z100.0  M09  M5;
M02;
```

重要提示

切槽时，要注意刀具的走刀路径，退刀时，先沿 *X* 方向退至槽外，然后再定位至下一切槽的位置。

学习评价

1. 能根据 SIEMENS 系统和 FANUC 系统的编程规则进行正确编程；
2. 能合理运用延时暂停指令 G04 进行编程；
3. 能合理选择切槽的进刀路线和切削用量；
4. 能正确完成槽的加工，并保证零件的尺寸精度。

任务 3-3　外圆锥面加工

一、分析零件图样

零件图样如图 3-7 所示，坯料尺寸为 $\phi 50$ mm，长 90 mm，从右端往左端径向尺寸呈逐渐递增规律。

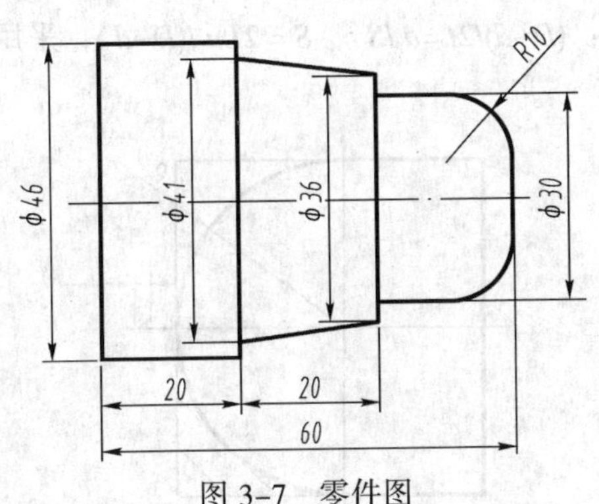

图 3-7　零件图

二、分析加工工艺

1．编程原点的确定

工件坐标系原点定在工件右端面与主轴轴线相交处。

2．制定加工方案及加工路线

（1）选择数控机床及数控系统

根据工件的形状及加工要求，选用 CK6132 数控车床进行本例工件的加工。数控系统选用 FANUC 0i—TA 或 SIEMENS 802S。

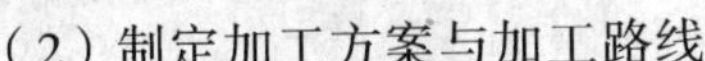

（2）制定加工方案与加工路线

采用一次装夹完成零件粗、精加工的加工方案，粗、精加工完成后切断。

① 圆弧车削加工路线：

a．阶梯切削路线　如图 3-8 所示。即先粗车成阶梯，最后一刀精车出圆弧。此方法在确定了每刀吃刀量 a_p 后，须精确计算出粗车的终刀距 S，即求圆弧与直线的交点。此方法刀具切削运动距离较短，但数值计算较烦琐。

b．同心圆弧切削路线　如图 3-9 所示。圆心不变，根据加工余量，采用大小不等的半径圆来车削，最后将所需圆弧加工出来。此方法在确定了每次吃刀量 a_p 后，对 90°圆弧的起点、终点坐标较易确定，数值计算简单，编程方便，常采用。但处理不当时，空行程时间较长，如图 3-9（a）所示。

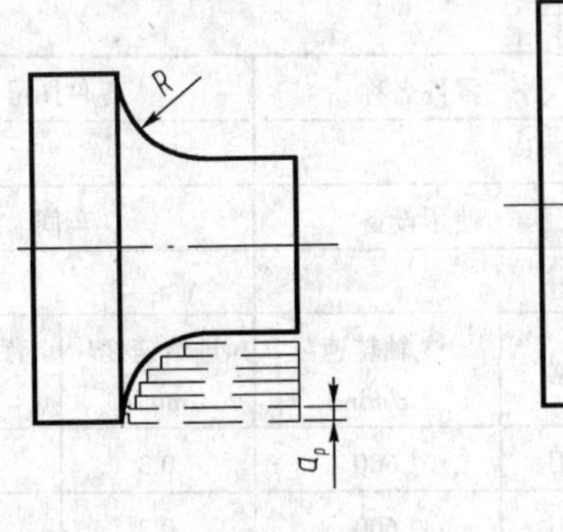

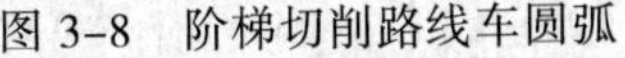
图 3-8　阶梯切削路线车圆弧

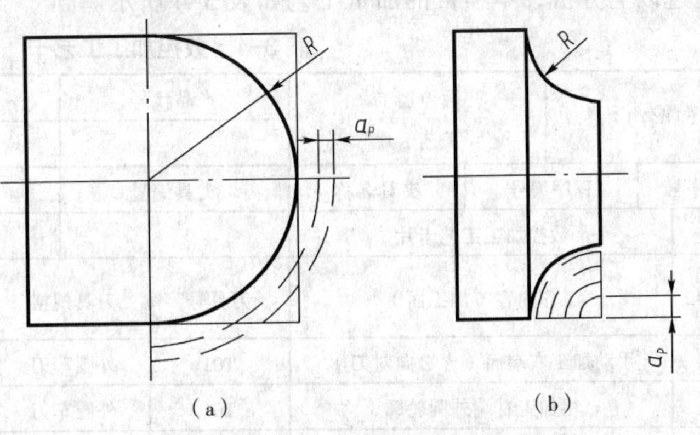

图 3-9　同心圆弧切削路线车圆弧

c．车锥法切削路线　如图 3-10 所示。根据加工余量，采用圆锥分层切削的办法去除加工余量，再精车圆弧。要注意，车削时起点和终点的确定，若确定不好，则可能损坏圆锥表面，也可能将余量留得过大。此方法刀具切削路线短，加工效率高，但数值计算较烦琐。

② 圆锥车削加工路线：

a. 平行车削加工路线　如图 3–11（a）所示。刀具每次切削的背吃刀量相等，但编程时需计算刀具的终点坐标。假设圆锥大径为 D，小径为 d，锥长为 L，背吃刀量为 a_p 则由相似三角形可得：$(D-d)/2L=a_p/S$　　$S=2La_p/(D-d)$，采用此加工路线时，加工效率高，但计算麻烦。

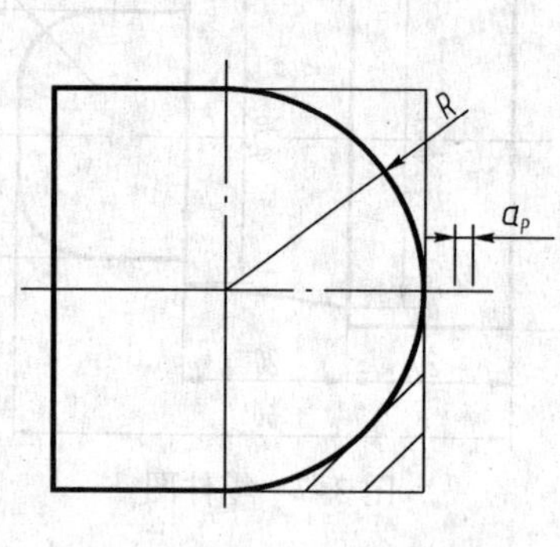

图 3–10　车锥法切削路线车圆弧

（a）　（b）

图 3–11　圆锥车削加工路线

b. 终点车削加工路线　如图 3–11（b）所示。刀具的终点坐标相同，无须计算，但每次切削过程中，背吃刀量是变化的。

3．工件定位、装夹与刀具选用

（1）工件的定位及装夹

工件采用三爪卡盘进行定位于装夹。

（2）刀具的选用

本例选用图 3–6 所示的刀具。刀具材料选用硬质合金。根据实习条件，可选用整体式或机夹式车刀。

4．制定加工工艺卡

通过以上分析，本项目的加工工艺如表 3–4 所示。

表 3–4　数控加工工艺卡

（厂名）	数控加工工艺卡片	产品代号		零件名称		零件图号
工艺序号	程序编号	夹具名称	夹具编号	使用设备		车间
	数控加工工艺卡片					
工步号	工作内容（加工面）	刀具号	刀具规格	主轴转速/（r/min）	进给速度/（mm/r）	背吃刀量/mm
1	手动加工右端面（含 Z 向对刀）	T01	外圆车刀	600	0.3	0.5
2	粗加工右端外圆轮廓	T01	外圆车刀	600	0.3	2
3	精加工右端外圆轮廓	T01	外圆车刀	1 200	0.15	0.25
4	切断	T02	切槽刀	500	0.15	
5	工件精度检测					
编制	审核	批准		共　页　第　页		

三、编写加工程序

1. 按 SIEMENS 802S 编写加工程序

```
EXE303. MPF                        主程序名
G90 G95 G0 X100 Z100               程序初始化，绝对坐标编程
T1D1                               外圆车刀
S600  M03  M08                     主轴正转，冷却液开
G00  X46.5  Z2                     快速定位至加工起点
G01  Z-67  F0.3                    粗加工进给速度 0.3 mm/r
     X50                           采用分层切削的加工方法，每次背吃刀量为 2 mm
G00  Z2                            留精加工余量为 0.25 mm
     X42
G01  Z-40
     X44
G00  Z2
     X38
G01  Z-20
     X41.5  Z-40                   圆锥面去余量粗加工，采用终点车削加工路线
     X42
G00  Z2
     X34
G01  Z-20
     X36.5
     X41.5  Z-40
     X38
G00  Z2
     X30.5
G01  Z-20
     X32
G00  Z2
     X10
G03  X34  Z-10  CR=12              圆球面去余量，采用同心圆弧切削加工路线
G00  Z0.25
     X10
G03 X30.5 Z-10  CR=10.25
G01  X32
G00  Z2
S1200  F0.15                       精加工
G01  X10  Z0
G03  X30  Z-10  CR=10
G01  Z-20
     X36
     X41  Z-40
     X46
     Z-67
```

```
      X48
  G00  X100  Z100
  T2D1  S500  F0.15            选2号割刀，刀宽5 mm，左角点为刀位点
  G00  Z-65
      X48
  G01  X-1                      切断
      X48
  G00  X100  Z100  M09 M5
  M02
```

2. 按 FANUC 0i—TA 编写加工程序

```
O3003                           主程序名
T0101;                          选1号外圆车刀，取1号刀补
S600  M03  M08;
G00  X46.5  Z2.0;
G01 Z-67.0  F0.3;
     X50.0;
G00  Z2.0;
     X42.0 ;
G01  Z-40.0;
     X44.0;
G00  Z2.0;
     X38.0;
G01  Z-20.0;
     X41.5  Z-40.0;
     X42.0;
G00  Z2.0;
     X34.0;
G01  Z-20.0;
     X36.5;
     X41.5  Z-40.0;
G00  Z2.0;
     X30.5;
G01  Z-20.0;
     X32.0;
G00  Z2.0;
     X10.0;
G03  X34.0  Z-10.0  R12.0;
G00  Z0.25;
     X10.0;
G03  X30.5  Z-10.0  R10.25;
G01  X32.0;
G00  Z2.0;
S1200  F0.15;
```

```
G01  X10.0  Z0.0;
G03  X30.0  Z-10.0  R10.0;
G01  Z-20.0;
     X36.0;
     X41.0  Z-40.0;
     X46.0;
     Z-67.0;
     X48.0;
G00  X100.0  Z100.0;
T0202  S500  F0.15;
G00  Z-65.0;
     X48.0  ;
G01  X-1.0;
     X48.0;
G00  X100.0  Z100.0  M09 M5;
M02;
```

学习评价

1. 能根据零件图要求，合理选择进刀路线和切削用量；
2. 能正确采用圆弧插补指令 G02、G03 进行绝对值、增量值编程；
3. 熟悉圆锥车削、圆弧车削的加工工艺过程、提高程序编制的能力；
4. 能正确完成零件加工，并保证零件的尺寸精度。

任务 3-4　多阶梯轴加工

一、分析零件图样

零件图样如图 3-12 所示，坯料尺寸为 ϕ45 mm，长 120 mm。

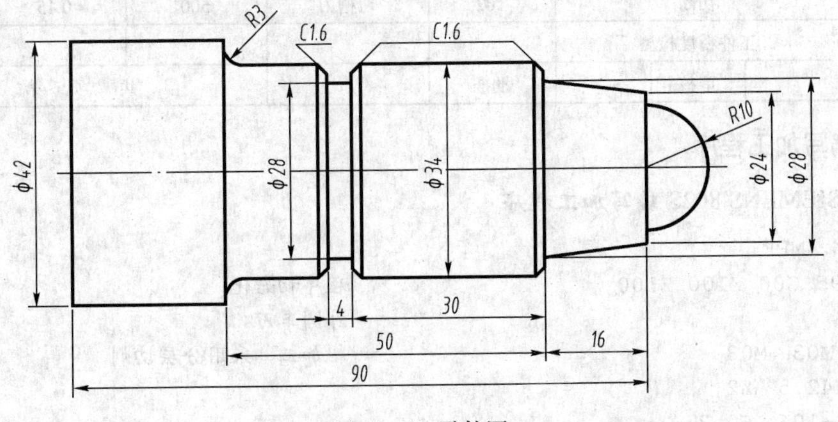

图 3-12　零件图

二、分析加工工艺

1．制定加工方案及加工路线

（1）选择数控机床及数控系统

根据工件的形状及加工要求，选用 CK6132 数控车床进行本例工件的加工。数控系统选用 FANUC 0i—TA 或 SIEMENS 802S。

（2）制定加工方案与加工路线

采用一次装夹完成零件粗、精加工的加工方案，先粗、精加工零件外轮廓，然后加工槽，最后切断。

2．工件定位、装夹与刀具选用

（1）工件的定位及装夹

工件采用三爪卡盘进行定位于装夹。

（2）刀具的选用

本例选用图 3-5 所示的刀具。刀具材料选用硬质合金。根据实习条件，可选用整体式或机夹式车刀。

3．制定加工工艺卡

通过以上分析，本项目的加工工艺如表 3-5 所示。

表 3-5 数控加工工艺卡

（厂名）	数控加工工艺卡片		产品代号		零件名称	零件图号
工艺序号	程序编号	夹具名称	夹具编号		使用设备	车间
	数控加工工艺卡片					
工步号	工作内容（加工面）	刀具号	刀具规格	主轴转速/（r/min）	进给速度/（mm/r）	背吃刀量/mm
1	粗加工右端外圆轮廓	T01	外圆车刀	600	0.3	2
2	精加工右端外圆轮廓	T01	外圆车刀	1200	0.15	0.25
3	切槽	T02	切槽刀	500	0.15	
4	切断	T02	切槽刀	500	0.15	
5	工件精度检测					
编制	审核	批准		共　页　第　页		

三、编写加工程序

1．按 SIEMENS 802S 编写加工程序

```
EXE304. MPF
G90 G95 G00 X100 Z100          程序初始化
T1D1                           外圆车刀
S600  M03  M08                 粗加工，采用分层切削
G00  X42.5  Z2
G01  Z-106  F0.3
     X42
```

```
G00  Z2
     X38
G01  Z-76
     X40
G00  Z2
     X34.5
G01  Z-76
     X37
G00  Z2
     X30
G01  Z-26
     X34
G00  Z2
     X26
G01  Z-10
     X28.5  Z-26
     X30
G00  Z2
     X0
G03  X24  Z-10  CR=12                              采用同心圆弧粗加工
G01  X26
G00  Z0.25
     X0
G03  X20.5  Z-10  CR=10.25
G01  X22
G00  Z2
S1200  F0.15                                       精加工
G01  X0  Z0
G03  X20  Z-10  CR=10
G01  X24
     X28  Z-26
     X31
     X34  Z-27.5
     Z-73
G02  X40  Z-76  CR=3
G01  X42
     Z-106
     X44
G00  X100  Z100
     T2D1  S500  F0.15                             割刀，刀宽 4 mm
G00  Z-60
     X36
G01  X28
G04  F2                                            暂停 2 s
G01  X36
```

```
    Z-61.5
    X34
    X31  Z-60
    X36
    Z-58.5
    X34
    X31  Z-60
G00  X44
    Z-104
G01  X-1  F0.1                              割断零件
G00  X100
    Z100  M09  M5
M02
```

2. 按 FANUC 0i—TA 编写加工程序

```
O3004
T0101;                                      外圆车刀
S600  M03  M08;
G00   X42.5  Z2.0;
G01   Z-106.0  F0.3;
     X42.0;
G00   Z2.0;
     X38.0 ;
G01   Z-76.0;
     X40.0;
G00   Z2.0;
     X34.5;
G01   Z-76.0;
     X37.0;
G00   Z2.0;
     X30.0;
G01   Z-26.0;
     X34.0;
G00   Z2.0;
     X26.0;
G01   Z-10.0;
     X28.5  Z-26.0;
     X30.0;
G00   Z2.0;
G01   X0.0;
G03  X24.0  Z-10.0  R12.0;
G01  X26.0;
G00  Z0.25;
G01  X0.0;
G03  X20.5  Z-10.0  R10.25;
```

```
G01  X22.0;
G00  Z2.0;
S1200 M3 ;                                    精加工
G01  X0  Z0.0  F0.15;
G03  X20.  Z-10.  R10.;
G01  X24.;
     X28.  Z-26.0;
     X31.0;
     X34.0  Z-27.5;
     Z-73.0;
G02  X40.0  Z-76.0  R3.0;
G01  X42.0;
     Z-106.0;
     X44.0;
G00  X100.0  Z100.0;
     T0202  S500  F0.15;                      割刀，刀宽 4 mm，左角点为刀位点
G00  Z-60.0;
     X36.0;
G01  X28.0;
G04  X2.0;
G01  X36.0;
     Z-61.5;
     X34.0;
     X31.0  Z-60.0;
     X36.0;
     Z-58.5 ;
     X34.0;
     X31.0  Z-60.0;
     X36.0;
G00  X44.0;
     Z-104.0;
G01  X-1.0;
G00  X100.0;
     Z100.0  M09  M5;
M02;
```

学习评价

1. 能根据零件图要求，合理选择进刀路线和切削用量；
2. 能熟练掌握圆弧插补指令 G02、G03 的各种用法；
3. 提高圆锥车削、圆弧车削的加工工艺分析和程序编制的能力；
4. 能正确完成零件加工，并保证零件的尺寸精度。

思考与练习

拟定图 3-13 所示零件的加工工艺方案，选择刀具并编制加工程序。毛坯材料：45 钢，$\phi60$ 棒料。

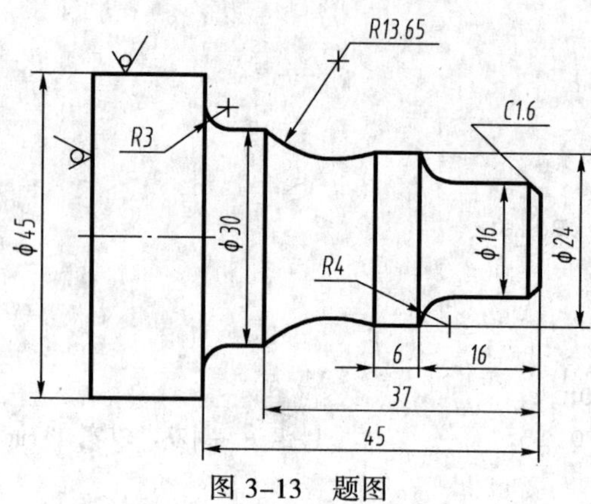

图 3-13　题图

项目四
简单套类零件加工编程

实际生产中对于孔的加工往往采用铸造、锻造或钻削产生毛坯孔，然后在此基础上通过车削，达到规定的尺寸精度和表面粗糙度等要求。因此，车孔是常用的孔加工方法之一，既可以作为粗加工，也可以作为精加工，加工范围很广。一般通过车孔以后，精度可达到IT7～IT8，表面粗糙度值可达 *Ra* 1.6～3.2，精细车削可以达到更小（*Ra* 0.8），另外车孔还可以用来修正孔的直线度。

学习编程指令

（一）SIEMENS 802S 系统编程指令

LCYC95——毛坯切削循环指令。

（1）功能

此循环可以在坐标轴平行方向上加工由子程序描述的零件轮廓，通过参数的选择进行纵向、横向，以及内、外轮廓的加工。在此循环中，还可以通过参数选择对轮廓进行粗加工、精加工和综合加工，并且可以在任意位置调用此循环（前提是保证刀具进刀不发生碰撞）。

（2）指令格式

```
_CNAME="轮廓子程序名"
R105=    R106=    R108=    R109=    R110=    R111=    R112=  ;
LCYC95
```

（3）指令使用的计算参数

① LCYC95 使用的参数如表 4-1 所示。

表 4-1　LCYC95 使用参数列表

参　数	含义及数值范围	参　数	含义及数值范围
R105	加工类型，数值 1～12	R110	粗加工时的退刀量
R106	精加工余量，无符号	R111	粗切进给率
R108	切入深度，无符号	R112	精切进给率
R109	粗加工切入角，在端面加工为零		

② 关于参数的详细说明如下：

R105——加工方式（取数值 1～12）。主要包括纵向加工/横向加工、内部加工/外部加工、粗加工/精加工/综合加工。其中纵向加工指的是分层进刀方向沿 X 轴，横向加工指的是分层进刀方向沿 Z 轴，其具体参数值代表的加工方式如表 4-2 所示。

表 4-2　LCYC95 切削加工方式

数　值	纵向加工/横向加工	内部加工/外部加工	粗加工/精加工/综合加工
1	纵向	外部	粗加工
2	横向	外部	粗加工
3	纵向	内部	粗加工
4	横向	内部	粗加工
5	纵向	外部	精加工
6	横向	外部	精加工
7	纵向	内部	精加工
8	横向	内部	精加工
9	纵向	外部	综合加工
10	横向	外部	综合加工
11	纵向	内部	综合加工
12	横向	内部	综合加工

R106——精加工余量。通过 R106 所给出的值确定工件的精加工余量。精加工轮廓按子程序描述的轮廓向实体外偏置 R106 指定的值，系统不区分 X、Z 向的精加工余量。如果 R106 等于 0，则无精加工过程。

R108——设定用户指定的粗加工时每层的切削深度。

R109——粗加工时的进刀方向按照此参数给定的角度进行，此参数推荐位零。进行端面加工时，不可以成角度进给，该值必须设为零。

R110——坐标轴平行方向的每次粗加工之后，都必须从轮廓处退刀，然后用 G00 返回到起始点。R110 用于指定用户指令的退刀量。

R111、R112——粗、精加工的进给率。是否需要这两个参数与 R105 所指定的值有关，比如 R105=1 时，参数 R112 无效。

（4）轮廓子程序定义

在一个子程序中，对待加工的工件轮廓进行编程，循环通过变量_CNAME 名下的子程序来调用相应的轮廓加工子程序。

轮廓由直线或圆弧组成，并可以在其中使用圆角（RND）和倒角（CHA）指令。编程中的圆弧段最大可以为 1/4 圆。

轮廓中不允许出现根切，即沿刀具主要切削方向：外轮廓加工工件径向尺寸呈单调递增，内轮廓加工工件径向尺寸呈单调递减的规律。

轮廓的编程方向必须与精加工时所选择的加工方向一致。

（5）LCYC95 的指令动作执行过程

具体动作过程如图 4–1 和图 4–2 所示。

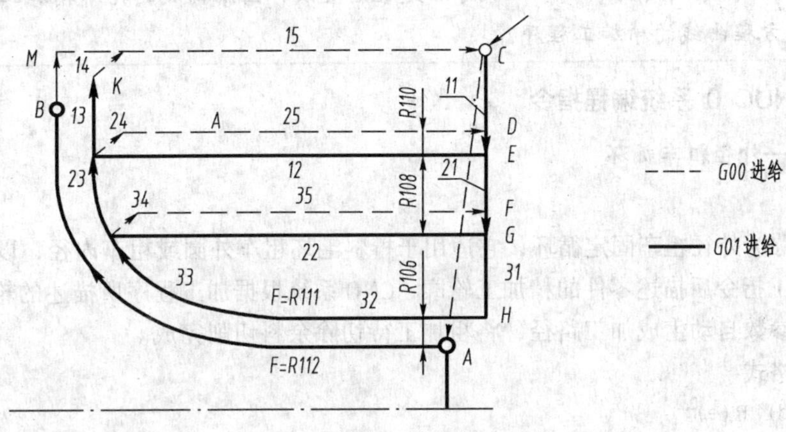

图 4–1　纵向、外部加工方式

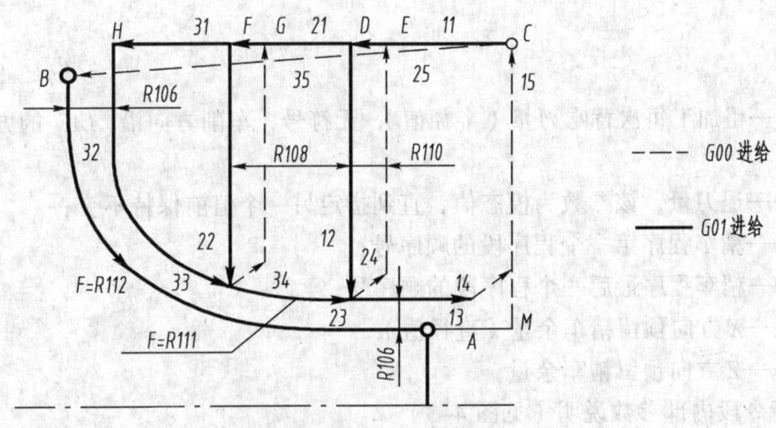

图 4–2　横向、外部加工方式

粗切削动作执行过程如下：

① 用 G0 方式从初始点至循环加工起始点（系统内部计算）。

② 按照参数 R109 下的编程角度进行深度进给。

③ 在坐标轴平行方向用 G1 以粗切进给速度切削至粗切削交点。

④ 用 G1/G2/G3 方式按粗切进给速度进行粗加工。

⑤ 在每个坐标轴方向按参数 R110 中所编程的退刀量退刀，并用 G0 返回。

⑥ 重复以上过程，直至加工至最后深度。

精加工动作执行过程如下：

① 用 G0 按不同的坐标轴分别回循环加工起始点。

② 用 G0 在两个坐标轴方向上同时回轮廓起始点。

③ 用 G1/G2/G3 方式，按精切进给速度进行精加工。

④ 用 G0 在两个坐标轴方向回循环加工起始点。

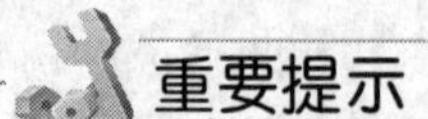

LCYC95 循环指令调用的子程序不仅可以是规则直线、圆弧构成的轮廓精加工程序，还可以是 R 参数编的方程曲线的精加工程序。

（二）FANUC 0i 系统编程指令

1. G71——外径粗车循环

（1）功能

G71 指令称为外径粗车固定循环，它适用于棒料毛坯粗车外圆或粗车内径，以切除毛坯的较大余量。在 G71 指令后描述零件的精加工轮廓，CNC 系统根据加工程序所描述的轮廓形状和 G71 指令内的各个参数自动生成加工路径，将粗加工待切除余料切削完成。

（2）指令格式

```
G71 U(Δd) R(e);
G71 P(ns) Q(nf ) U±(Δu) W±(Δw) F_  S_ ;
N(ns) ……;
…
N (nf) ……;
```

其中　Δd—粗加工每次背吃刀量（半径值），无符号，车削方向沿 *AA′* 的方向，如图 4-3 所示；

e—退刀量，该参数为模态值，直到指定另一个值前保持不变；

ns—精车程序第一个程序段的顺序号；

nf—精车程序最后一个程序段的顺序号；

Δu—*X* 方向预留精车余量（直径值）；

Δw—*Z* 方向预留精车余量。

（3）G71 指令段内部参数说明（见图 4-3）

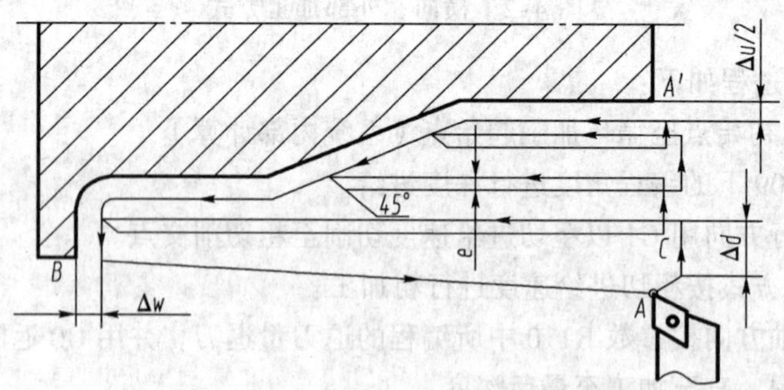

图 4-3　G71 指令段内部参数示意

CNC 装置首先根据用户编写的精加工轮廓，在预留出 *X* 和 *Z* 向精加工余量Δu 和Δw 后，计算出粗加工实际轮廓的各个坐标值。刀具按层切法将余量去除（刀具向 *X* 向进刀 *d*，切削外圆后按 *e* 值 45° 退刀，循环切削直至粗加工余量被切除）。此时工件斜面和圆弧部分形成台阶状表面，然后再按精加工轮廓光整表面最终形成在工件 *X* 向留有Δu 大小的余量、*Z* 向留有Δw 大小余量的轴。粗加工结束后，可使用 G70 指令完成精加工。

（4）其他说明

① 当Δd 和Δu 两者都由地址 U 指定时，其意义由地址 P 和 Q 决定。

② 粗加工循环由带有地址 P 和 Q 的 G71 指令实现。在 *A* 点和 *B* 点间的运动指令中指定的 F、S 和 T 功能对粗加工循环无效，对精加工有效；而在 G71 程序段或前面程序段中指定的 F、S 和 T 功能对粗加工有效。

③ 用恒表面切削速度控制时，在 *A* 点和 *B* 点间的运动指令中指定的 G96 或 G97 无效，而在 G71 程序段或以前的程序段中指定的 G96 或 G97 有效。

④ *X* 向和 *Z* 向精加工余量Δu 和Δw 的符号如图 4–4 所示。

⑤ 粗车循环过程中从 N（ns）到 N（nf）之间的程序段中的 F、S 功能均被忽略，只有 G71 指令中指定的 F、S 功能有效。

⑥ 在粗车削循环过程中，刀尖半径补偿功能无效。

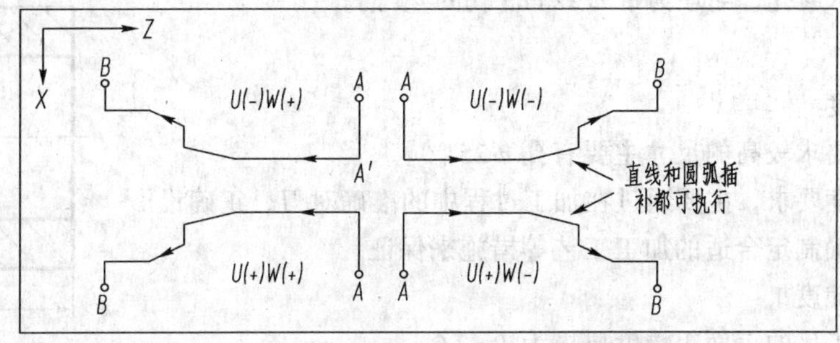

图 4–4　G71 指令中Δu 和Δw 符号的确定

重要提示

①U（+）W（+）为零件外轮廓纵向粗车复合循环；②U（–）W（+）为零件内轮廓纵向粗车复合循环；③U（+）W（–）为零件外轮廓横向粗车复合循环；④U（–）W（–）为零件内轮廓横向粗加工复合循环。

2．G70——外圆精车循环

（1）功能

使用 G71、G72、G73 指令完成零件的粗车加工之后，可以用 G70 指令进行精加工，切除粗车循环中留下的余量。

（2）指令格式

```
G70 P(ns)  Q(nf) ;
```

其中　*ns*——精车程序第一个程序段的顺序号；

nf——精车程序最后一个程序段的顺序号。

G70 指令在程序中不能单独出现，要分别与 G71、G72、G73 配合使用，其编程格式为：

```
……
N _ G71 P ns  Q nf ……;        G71、G72 或 G73 粗车循环指令;
N ns ……;                       为粗车循环定义的精加工路径的第一个程序段;
…
```

```
N nf …… ;            为粗车循环定义的精加工路径的最后一个程序段;
G70 P ns  Q nf ;     精车循环指令;
……
```

进行编程加工

任务 4-1　通孔类零件加工

一、分析零件图样

1．零件图样

如图 4-5 所示通孔，毛坯为带 ϕ22 mm 孔的 45 钢。

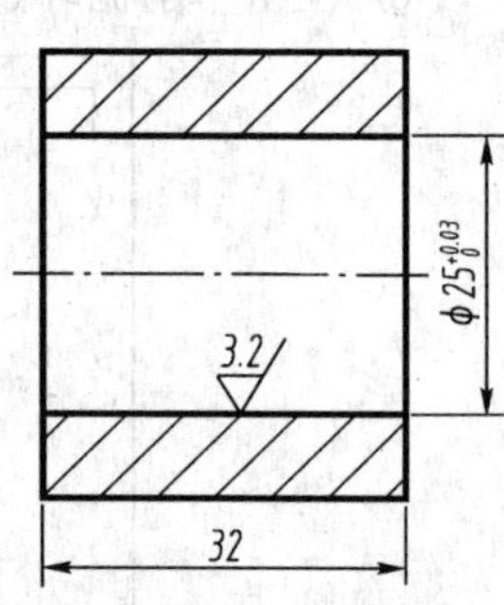

图 4-5　通孔加工

2．精度分析

（1）尺寸精度

本例中精度要求较高的尺寸主要有孔 $\phi 25^{+0.03}_{0}$。

对于尺寸精度要求，主要通过在加工过程中的准确对刀、正确设置磨耗，以及正确制定合适的加工工艺等措施来保证。

（2）表面粗糙度

本例中孔加工后的表面粗糙度要求为 *Ra* 3.2.。

对于加工后表面的粗糙度情况，主要通过选用合适的刀具及其几何参数，正确的粗、精加工路线，合理的切削用量及冷却等措施来保证。

二、分析加工工艺

1．编程原点的确定

根据编程原点的确定原则，该工件的编程原点取在完工工件的右端面与主轴轴线相交的交点上。

2．制定加工方案及加工路线

（1）选择数控机床及数控系统

根据工件的形状及加工要求，选用 CK6132 数控车床进行本例工件的加工。数控系统选用 FANUC 0i—TA 或 SIEMENS 802S。

（2）制定加工方案与加工路线

采用一次装夹后完成粗、精加工的加工方案。

3．工件定位、装夹与刀具选用

（1）工件的定位及装夹

工件采用三爪卡盘进行定位与装夹。工件装夹时的夹紧力要适中，既要防止工件的变形与夹伤，又要防止工件在加工过程中产生松动。

（2）刀具的选用

车孔的方法基本上和车外圆相同，但内孔车刀和外圆车刀相比有差别。根据不同的加工情况，内孔车刀可分为通孔车刀和盲孔车刀两种，如图 4-6 所示。其中图 4-6（a）为通孔车刀，k_r 一般取

60°～75°，k_r'一般取 15°～30°；图 4-6（b）为盲孔车刀，k_r一般取 90°～95°，k_r'一般取 6°左右。

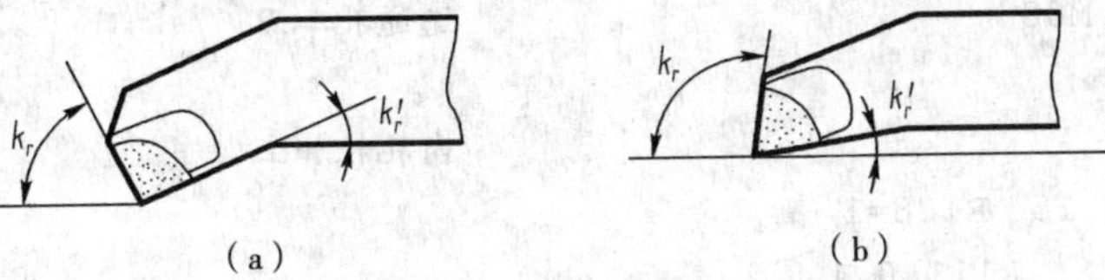

图 4-6　内孔车刀

4．确定加工参数

加工参数的确定取决于实际加工经验、工件的加工精度及表面质量、工件的材料性质、刀具的种类及形状、刀柄的刚性等诸多因素。

（1）主轴转速 n

根据实际情况，粗加工时主轴转速选 400 r/min，精加工的主轴转速选 800 r/min。

（2）进给速度 F

粗加工时，为提高生产效率，在保证工件质量的前提下，可选择较高的进给速度，一般取 0.1 mm/r。精加工时进给速度一般取 0.03 mm/r。

（3）背吃刀量 a_p

背吃刀量根据机床与刀具的刚性及加工精度来确定，粗加工的背吃刀量一般取 1～4 mm（半径量），精加工的背吃刀量等于精加工余量，精加工余量一般取 0.1～0.4 mm（半径量）。

问题思考

车刀材料为硬质合金时，各种加工参数如何选用？

5．制定加工工艺卡

通过以上分析，本任务的加工工艺如表 4-3 所示。

表 4-3　数控加工工艺卡

（厂名）	数控加工工艺卡片	产品代号		零件名称		零件图号
工艺序号	程序编号	夹具名称	夹具编号	使用设备		车间
	数控加工工艺卡片					
工步号	工作内容（加工面）	刀具号	刀具规格	主轴转速/（r/min）	进给速度/（mm/r）	背吃刀量/mm
1	粗加工通孔	T01	通孔车刀	400	0.1	1.0
2	精加工通孔			800	0.03	0.15
3	工件精度检测					
编制	审核	批准		共　页　第　页		

三、编写加工程序

1．按 SIEMENS 802S 编写加工程序

```
EXE401. MPF
```


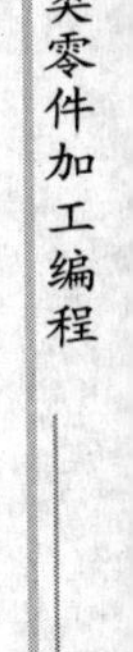

```
G90 G95 G40 G00 X100 Z100
T1D1 S400 M03 M08                        选通孔车刀
G00 X20  Z4
_CNAME="K01"                             内孔粗加工
R105=3  R106=0.15  R108=1
R109=0  R110=1    R111=0.1
R112=0.03
LCYC95
M00                                      程序暂停
S800 M03 M08
G01 X25 Z2
R105=7                                   内孔精加工
LCYC95
G00 X100 Z100
M05 M09
M02                                      主程序结束

K01. SPF                                 子程序
G01 X25 Z0
Z-32
X21.5
M17                                      子程序结束
```

2．按 FANUC 0i—TA 编写加工程序

```
O4001
T0101                                    通孔车刀
G00 X20.0 Z4.0 S400 M03
G71 U1.0 R0.3
G71 P30 Q40 U-0.3 W0.05 F0.1             内孔粗加工 F=0.1、ap=1.0
N30 G01 X25.0 Z1.0 F0.03 S800            精加工 F0.03、S800
Z-32.0
N40 X21.    因为毛坯内孔直径为22，故精加工结束程序段的X向坐标位置只要略小于22
G70 P30 Q40                              内孔精加工循环
G00 X100.0 Z100.0
M05 M09
M02
```

学习评价

1．能对通孔类零件进行合理的加工工艺分析；

2．能正确选用刀具、夹具；

3．能采用 LCYC95、G70、G71 指令进行简单零件的编程加工。

任务 4–2　阶梯孔、不通孔类零件加工

一、分析零件图样

1．零件图样

加工如图 4–7 所示阶梯孔，毛坯材料：45 钢，$\phi 50$ 棒料。

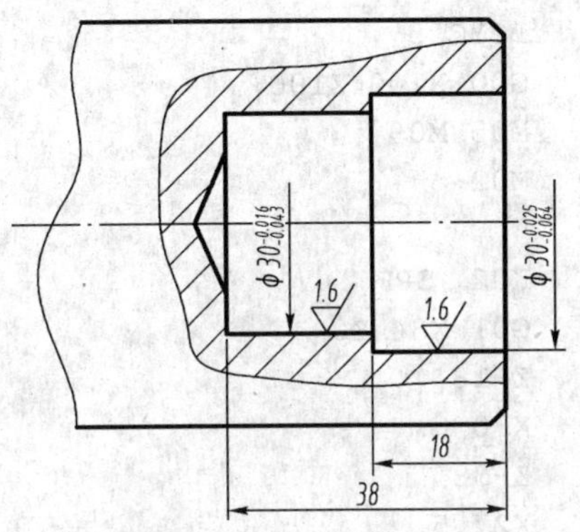

图 4–7 阶梯孔加工

2．精度分析

（1）尺寸精度

本例中精度要求较高的尺寸主要有内孔 $\phi 30_{-0.043}^{-0.016}$ 和 $\phi 34_{-0.064}^{-0.025}$。

（2）表面粗糙度

本例中，孔加工后各表面的粗糙度要求均为 Ra 1.6。

二、分析加工工艺

制定加工工艺卡，如表 4–4 所示。

表 4–4　数控加工工艺卡

（厂名）	数控加工工艺卡片		产品代号	零件名称		零件图号
工艺序号	程序编号	夹具名称	夹具编号	使用设备		车间
	数控加工工艺卡片					
工步号	工作内容（加工面）	刀具号	刀具规格	主轴转速/（r/min）	进给速度/（mm/r）	背吃刀量/mm
1	手动钻孔		ϕ28 钻头	200	0.02	
2	粗加工阶梯孔	T02	盲孔车刀	400	0.1	1.0
3	精加工阶梯孔			800	0.03	0.15
4	工件精度检测					
编制	审核		批准		共　页　第　页	

三、编写加工程序

1．按 SIEMENS 802S 编写加工程序

```
EXE402. MPF
G90 G95 G40 G00 X100 Z100
T2D1 S400 M03 M08                    选盲孔车刀
G00 X25  Z4
_CNAME="K02"
R105=3  R106=0.15  R108=1
R109=0  R110=1    R111=0.1
R112=0.03
LCYC95
```

```
M00
S800 M03 M08
G01 X34 Z2
R105=7
LCYC95
G00 X100 Z100
M05 M09
M02

K02. SPF
G01 X34 Z0
Z-18
X30
Z-38
X27.5
M17
```

2．按 FANUC 0i—TA 编写加工程序

```
O4002
T0202;
G00 X26.0 Z4.0 S400 M03;
G71 U1.0 R0.3;
G71 P30 Q40 U-0.3 W0.05 F0.1;
N30 G01 X34.0 Z1.0 F0.03 S800;
Z-18.0;
X30.0;
Z-38.;
N40 X27.5;
G70 P30 Q40;
G00 X100.0 Z100.0 ;
M05 M09;
M02;
```

学习评价

1．能对盲孔类零件进行合理的加工工艺分析；
2．能正确选用刀具、夹具；
3．能合理采用 LCYC95、G70、G71 指令进行简单孔类零件的编程加工。

任务 4–3　内轮廓综合加工

一、分析零件图样

1．零件图样

加工如图 4–8 所示孔，毛坯材料：45 钢，ϕ60 棒料。

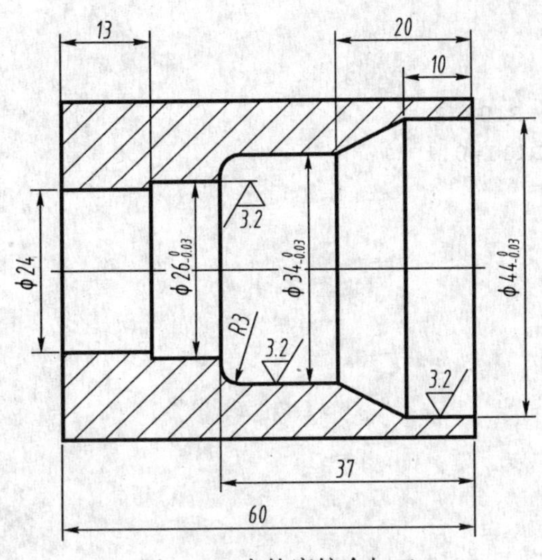

图 4-8　内轮廓综合加工

2．精度分析

（1）尺寸精度

本例中精度要求较高的尺寸主要有孔 $\phi 26^{\ 0}_{-0.03}$、$\phi 34^{\ 0}_{-0.03}$ 和 $\phi 44^{\ 0}_{-0.03}$。

（2）表面粗糙度

本例中孔加工后的表面粗糙度要求为 *Ra* 3.2.。

二、分析加工工艺

制定加工工艺卡，如表 4-5 所示。

表 4-5　数控加工工艺卡

（厂名）	数控加工工艺卡片		产品代号		零件名称		零件图号
工艺序号	程序编号	夹具名称	夹具编号		使用设备		车间
	数控加工工艺卡片						
工步号	工作内容（加工面）		刀具号	刀具规格	主轴转速/（r/min）	进给速度/（mm/r）	背吃刀量/mm
1	手动钻孔			φ22 钻头	200	0.02	
2	粗加工内轮廓		T02	盲孔车刀	400	0.1	1.0
3	精加工内轮廓				800	0.03	0.15
4	工件精度检测						
编制		审核	批准		共　页　第　页		

三、编写加工程序

1．按 SIEMENS 802S 编写加工程序

```
EXE403. MPF
G90 G95 G40 G00 X100 Z100
T2D1 S400 M03 M08                    选盲孔车刀
```

```
G00 X20  Z4
_CNAME="K03"
R105=3  R106=0.15  R108=1
R109=0  R110=1    R111=0.1
R112=0.03
LCYC95
M00
S800 M03 M08
G01 X44 Z2
R105=7
LCYC95
G00 X100 Z100
M05 M09
M02
K03. SPF
G01 X44 Z0
Z-10
X34 Z-20
Z-37 RND=3
X26
Z-47
X24
Z-60.5
X21.5
M17
```

2. 按 FANUC 0i—TA 编写加工程序

```
O4003
T0202;
G00 X20.0 Z4.0 S400 M03;
G71 U1.0 R0.3;
G71 P30 Q40 U-0.3 W0.05 F0.1;
N30 G01 X44.0 Z1.0 F0.03 S800;
Z-10.0;
X34.0 Z-20.0;
Z-34.0;
G03 X28.0 Z-37.0;
G01 X26.0;
Z-47.0;
X24.0;
Z-60.5;
N40 X21.5 ;
G70 P30 Q40 ;
G00 X100.0 Z100.0 ;
M05 M09;
M02;
```

学习评价

1. 能对各种孔类零件进行合理的加工工艺分析；
2. 能根据零件图的结构合理选用刀具、夹具；
3. 能采用 LCYC95、G70、G71 指令进行零件的综合编程加工。

思考与练习

加工如图 4–9 所示零件，毛坯材料：45 钢，$\phi60$ 棒料。

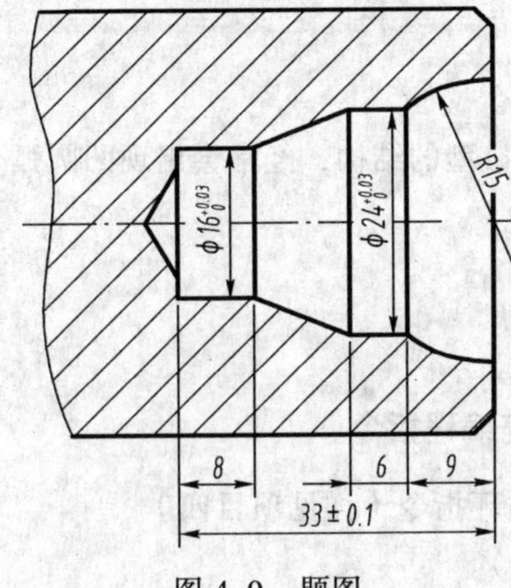

图 4–9　题图

项目五 成形面类零件加工编程

圆弧成形面是轴套类零件中典型的结构，经常会出现凹圆弧、凸圆弧等“根切”结构，这些是本项目主要解决的问题。

学习编程指令

（一）SIEMENS 802S 系统编程指令

LCYC95——毛坯切削复合循环指令（详见项目四）

子程序调用（用法见项目三）

刀尖圆弧自动补偿指令

（1）功能

数控程序是针对刀具上的某一点即刀位点，按工件轮廓尺寸编制的。车刀的刀位点一般为理想状态下的假想刀尖点或刀尖圆弧圆心点。但为了提高刀具寿命和降低加工表面粗糙度，通常将刀尖磨成半径不大的圆弧（圆弧半径 R 一般在 0.4～1.6 mm 之间）。

切削时实际起作用的切削刃是圆弧的各切点，这势必会产生加工表面的形状误差，如图 5-1 所示。刀尖圆弧半径补偿功能就是用来补偿由于刀尖圆弧引起的工件形状误差。

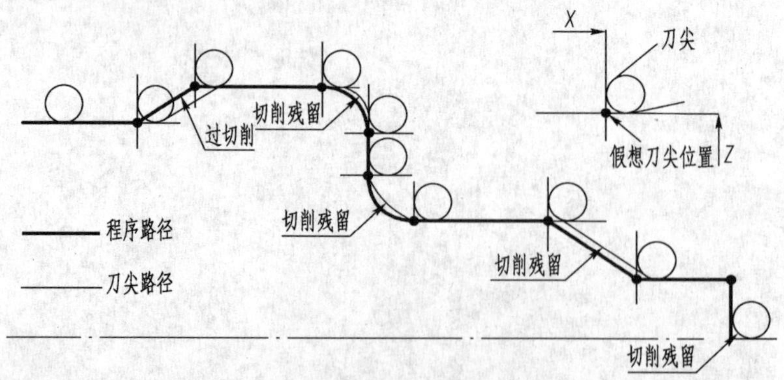

图 5-1　刀尖圆弧导致的少切和过切

（2）指令格式

G40（G41/G42）G00（G01）X___Z___

（3）指令说明

① 在进行刀尖圆弧半径补偿时，刀具和工件的相对位置不同，刀尖半径补偿所用的 G 指令也不同，具体规定如下（见图 5-2）：

G40：取消补偿，刀尖轨迹与编程轨迹一致。

G41：左补偿，沿着刀具运动方向看，刀具在工件编程轨迹左边。

G42：右补偿，沿着刀具运动方向看，刀具在工件编程轨迹右边。

② G41/G42 不带参数，其补偿号（代表所用刀具对应的刀尖半径补偿值）由 T 代码指定。

③ G41、G42 不能重复使用，在程序中应用了 G41 或 G42 之后，不能再直接使用 G42、G41 指令，必须先用 G40 指令取消补偿状态，再使用 G41 或 G42。

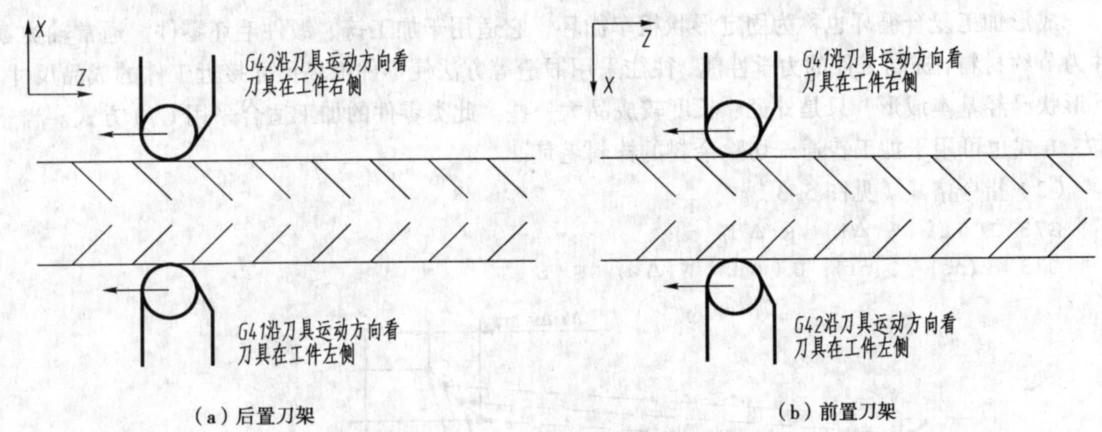

（a）后置刀架　　（b）前置刀架

图 5-2　刀具左补偿和右补偿

重要提示

刀尖半径补偿的建立与取消只能用 G00 或 G01 指令，不能用 G02 或 G03 指令。

（二）FANUC 0i 系统编程指令

1．M98——**子程序调用**、M99——**子程序结束**

（1）功能

机床的加工程序可分为主程序和子程序两种。主程序是一个完整的零件加工程序，它与被加工零件一一对应，不同的零件，有唯一的主程序与之对应。

当在程序中出现多次重复使用某一组固定程序段时，为简化编程，可将这一组程序段作为固定程序，并单独加以命名，这组程序段就称为子程序。

子程序一般不能作为独立的加工程序使用，只能通过主程序进行调用，实现加工中的局部动作，子程序执行结束后，自行返回到调用它的主程序中。

（2）格式

M98 P___L___

其中，P 为要调用的子程序号，L 为重复调用子程序的次数，若省略，则表示只调用一次。

被主程序调用的子程序还可以再调用其他子程序。

在 FANUC 系统中，子程序的格式与主程序基本相同，仅结束标记不同，主程序用 M02 表示其结束，而子程序则用 M99 表示子程序结束，并实现自动返回主程序功能。

重要提示

在编写子程序过程中，最好采用增量坐标方式进行编程，以避免失误。

2．刀尖圆弧自动补偿指令

类似于 SEMENS 802S 系统中的 G41/G42/G40。

3．G73——成形加工复合循环

（1）功能

成形加工复合循环也称为固定形状粗车循环，它适用于加工铸、锻件毛坯零件。通常轴类零件为节约材料，提高工件的力学性能，往往采用锻造等方法使零件毛坯尺寸接近工件的成品尺寸，其形状已经基本成形，只是外径、长度较成品大一些。此类零件的加工适合采用 G73 方式。当然 G73 方式也可用于加工普通未切除余料的棒料毛坯。

（2）指令格式（见图 5–3）

```
G73 U(Δi)  W(Δk)  R(Δd)
G73  P(ns)  Q(nf)  U(Δu)  W(Δw)  F  S  T
```

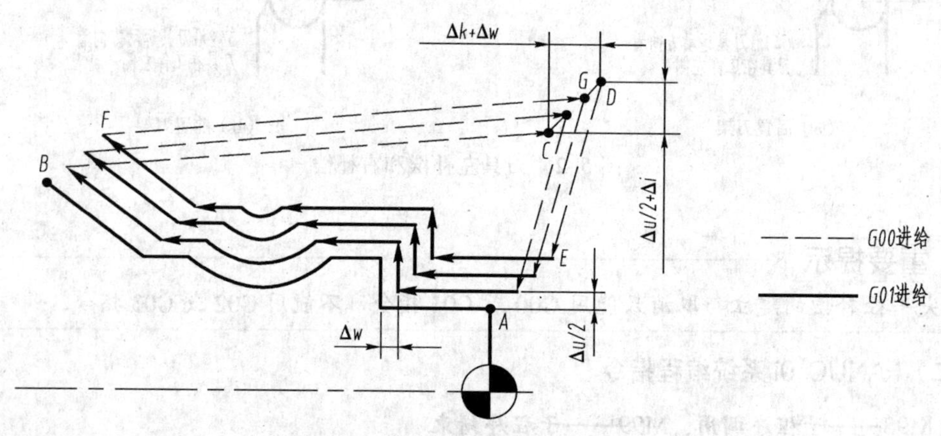

图 5–3　G73 多重循环的轨迹图

式中　Δi——X 方向毛坯切除余量（半径值、正值）；

Δk——Z 方向毛坯切除余量（正值）；

Δd——粗切循环的次数；

ns——精加工描述程序的开始循环程序段的行号；

nf——精加工描述程序的结束循环程序段的行号；

Δu——X 向精车预留量；

Δw——Z 向精车预留量。

（3）其他说明

① 当值Δi 和Δk，或者Δu 和Δw 分别由 U 和 W 规定时，它们的意义由 G73 程序段中的地

址 P 和 Q 决定。当 P 和 Q 没有指定在同一个程序段中时，U 和 W 分别表示Δi 和Δk；当 P 和 Q 指定在同一个程序段中时，U、W 分别表示Δu 和Δw。

② 有 P 和 Q 的 G73 指令执行循环加工时，不同的进刀方式（共有 4 种），Δu、Δw 和Δk、Δi 的符号不同，纵向外部加工时Δu > 0，Δw > 0，Δi > 0，Δk > 0；纵向内部加工时Δu < 0，Δw > 0，Δi < 0，Δk > 0；横向外部加工时Δu > 0，Δw < 0，Δi > 0，Δk < 0；横向内部加工时Δu < 0，Δw < 0，Δi < 0，Δk < 0。加工循环结束时，刀具返回到 *A* 点。

③ G73 指令用于未切除余量的棒料切削时，会有较多的空刀行程，因此应尽可能使用 G71、G72 切除余量。

④ G73 指令中所描述的精加工走刀路线应该是一个封闭的曲线。

⑤ G73 指令可用于带根切零件（内凹型）的加工。

⑥ G73 指令用于内孔加工时，如果采用 *X*、*Z* 双向进刀或 *X* 单向进刀方式，必须注意是否有足够的退刀空间，否则会发生刀具干涉。

任务 5-1　凹圆弧面零件加工

一、分析零件图样

1．零件图样

零件图样如图 5-4 所示，评分表如表 5-1 所示，坯料尺寸为 ϕ45 mm × 90 mm。由于 *R*20 是凹圆弧，故选用刀具的副偏角应大于 15°，谨防副切削刃与已加工表面产生干涉现象，同时 LCYC95 和 G71 指令也不适合加工带有根切的零件，可采用子程序调用进行编程加工。

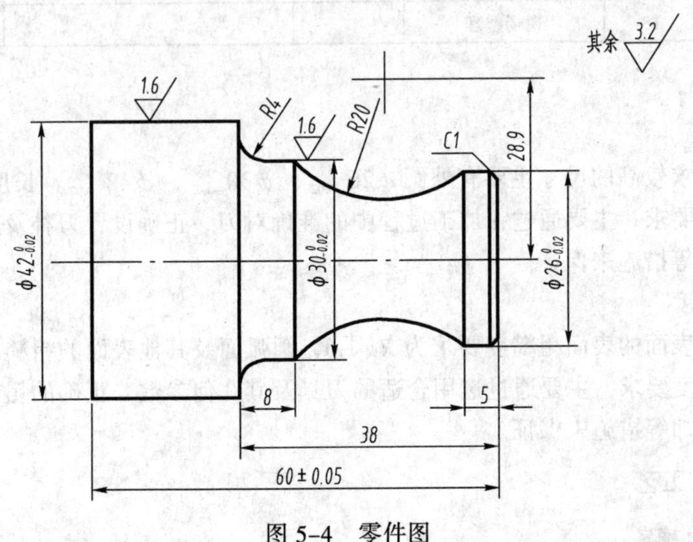

图 5-4　零件图

表 5-1　数控车削考核评分表

工件编号			总得分				
配分比例	项目	序号	技术要求	配分	评分标准	检测记录	得分
工件评分（70%）	外形	1	$\phi 26_{-0.02}^{\ 0}$	8	超差 0.02，扣 4 分		
		2	$\phi 30_{-0.02}^{\ 0}$	8	超差 0.02，扣 4 分		
		3	$\phi 42_{-0.02}^{\ 0}$	8	超差 0.02，扣 4 分		
		4	*Ra* 1.6	12	超差各扣 2 分每处		
		5	*R*20	4	超差 0.1，扣 2 分		
		6	*R*4	4	超差 0.1，扣 2 分		
		7	*C*1	2	超差 0.1，扣 2 分		
		8	*Ra* 3.2	6	超差各扣 1 分每处		
	长度	9	5	3	超差 0.1，扣 2 分		
		10	38	3	超差 0.1，扣 2 分		
		11	8	3	超差 0.1，扣 2 分		
		12	60 ± 0.05	3	超差 0.05，扣 2 分		
		13	*Ra* 3.2	6	超差每处各扣 1 分		
程序与机床操作（30%）	程序	14	程序规范、合理、正确	20	不规范每次扣 2 分		
	操作	15	安装正确，机床操作规范	10	不规范每次扣 3 分		
其他	安全	16	按时完成	倒扣	超时≤15min，扣 5 分 超时 15～30min，扣 10 分 超时≥30min 终止考试		
		17	安全文明操作	倒扣	不规范每次扣 3 分		
		18	现场整理				

2．精度分析

（1）尺寸精度

本例中精度要求较高的尺寸主要有外圆 $\phi 26_{-0.02}^{\ 0}$、$\phi 30_{-0.02}^{\ 0}$、$\phi 42_{-0.02}^{\ 0}$，长度 60±0.05 等。

对于尺寸精度要求，主要通过在加工过程中的准确对刀、正确设置刀补及磨耗，以及正确制定合适的加工工艺等措施来保证。

（2）表面粗糙度

本例中，外圆表面的表面粗糙度要求为 *Ra* 1.6，圆弧面及其他表面的粗糙度为 *Ra* 3.2。

对于表面粗糙度要求，主要通过选用合适的刀具及其几何参数，正确的粗、精加工路线，合理的切削用量及冷却等措施来保证。

二、分析加工工艺

1．编程原点的确定

为方便编程，该工件的编程原点设在工件的右端面与主轴轴线的交点上。

2．加工方案及加工路线

（1）选择数控机床及数控系统

根据工件的形状及加工要求，选用 CK6132 数控车床进行本例工件的加工。数控系统选用 FANUC 0i—TA 或 SIEMENS 802S。

（2）制定加工方案与加工路线

采用一次装夹完成零件粗、精加工，然后切断。

重要提示

进行数控车削加工时，加工的起始点设在离工件毛坯较近位置，尽可能采用轴向切削的方式进行加工，以提高加工过程中工件与刀具的刚性。

3．工件定位、装夹与刀具选用

（1）工件的定位及装夹

工件采用三爪卡盘进行定位于装夹。当掉头加工另一端时，采用一夹一顶的装夹方式。

工件装夹时的夹紧力要适中，既要防止工件的变形与夹伤，又要防止工件在加工过程中产生松动。工件装夹过程中，应确保工件轴线与主轴轴线同轴。

（2）刀具的选用

本例选用图 5-5 所示的几种刀具。

根据实习条件，可选用整体式或机夹式车刀，3 种刀具的刀片材料均选用硬质合金。

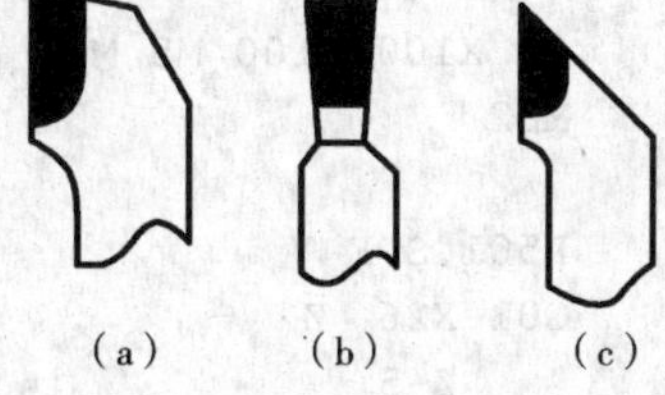

图 5-5　刀具的选用

4．制定加工工艺

通过以上分析，本项目的加工工艺如表 5-2 所示。

表 5-2　数控加工工艺卡

（厂名）	数控加工工艺卡片		产品代号	零件名称		零件图号
工艺序号	程序编号	夹具名称	夹具编号	使用设备		车间
	数控加工工艺卡片					
工步号	工作内容（加工面）	刀具号	刀具规格	主轴转速 /（r/min）	进给速度 /（mm/r）	背吃刀量 /mm
1	粗加工外圆轮廓	T01	外圆粗车刀	600	0.3	2
2	粗加工 *R*20 凹圆弧	T02	外圆粗车刀 $k_r \geq 15°$	450	0.2	1
3	精加工外圆轮廓	T03	外圆尖刀	1 200	0.15	0.1
4	工件精度检测					
编制		审核		批准		

三、编写加工程序

1．按 SIEMENS 802S 编写加工程序

主程序：EXE502. MPF

```
G90 G95 T1D1 S600 M03 M08          程序初始化
```

```
G00  X55  Z10
_CNAME="L501"                        (设置坯料切削循环参数)
R105=1  R106=0.1  R108=2             R105=1 使外轮廓只进行粗加工
R109=0  R110=1   R111=0.3
R112=0.15
LCYC95
G00  X100  Z100 M5 M9
T2D1                                 粗略计算最大切削深度=20-(28.9-15)=6.1
G00 X38.2 Z-5 S450 M3 M8             X 值为 26+2×6.1=38.2
L502P4                               调用 L502 子程序循环 4 次
G90 G0 X100 Z100 S1200 M5 M9
T3D1                                 用尖刀进行精加工切削
G0 X22 Z1 S1200 M3 M8                倒角的延长线上 X 值: 26-2×2=22
G1 X26 Z-1 F0.15
   Z-5
G2 X30 Z-30 CR=20
G1 Z-34
G2 X38 Z-38 CR=4
G1 X42
   Z-65
G0 X100 Z100 M5 M9
M02

L501.SPF                             子程序一
G01 X26  Z2
    Z-5
    X30  Z-30                        粗加工时 R20 的圆弧不加工走直线
    Z-34
G2 X38  Z-38  CR=4
G1 X45
RET

L502.SPF                             子程序二
G91 G1 X-3                           采用增量值编程
G02 X4 Z-25 CR=20
G01 X-4 Z25
RET
```

2．按 FANUC 0i—TA 编写加工程序

```
O5001
S600 M03  M8  T0101  ;               程序初始化
G00 X55.0  Z5.0  ;
G71 U2.0  R1.;
G71 P30  Q40  U0.2  W0.1  F0.3;
N30 G01 X26.  Z2.;
    Z-5.;
    X30.  Z-30. ;                    粗加工 R20 的一段走直线
    Z-34.;
G02 X38.  Z-38.  R4. ;
```

```
N40 G1 X45.;
    G0 X100.0  Z100.0 M5 M9;
T0202;
G00 X38.2 Z-5 S450 M3 M8;          通过计算正确定位X值
M98  P0501 L4;                     调用子程序循环4次
G0  X100.0  Z100.0 M5 M9;
T0303;                             精车刀
G0 X22. Z1. S1200 M3 M8 ;          倒角的延长线上X值: 26-2×2=22
G1 X26. Z-1. F0.15;
  Z-5.;
G2 X30. Z-30. R20.;
G1 Z-34.;
G2 X38. Z-38. R4.;
G1 X42.;
   Z-65.;
G0 X100. Z100. M5 M9;
M02;

O0501                              加工R20凹圆弧的子程序
G1 U-3 ;                           采用增量值编程
G02 U4. W-25. R20.;
G01 U-4. W25. ;
M99;
```

重要提示

①本例题中综合应用了 LCYC95、G71 固定循环和 M98 等子程序调用，注意各参数的符号。加工中还要注意工艺分析。

②为了便于理解，本项目中没有考虑尺寸公差对坐标字的影响，实际加工中，可以参照公差中的中值编程。最好是根据已有的工艺知识决定实际尺寸在公差带中的位置。

学习评价

1. 熟悉凹圆弧面零件的加工工艺；
2. 能运用 FANUC 系统 M98、M99 指令进行编程；
3. 能根据凹圆弧的大小选择合适的刀具。

任务 5-2　凸圆弧面零件加工

一、分析零件图样

1. 零件图样

零件图样如图 5-6 所示，评分表如表 5-3 所示，坯料尺寸为 ϕ45mm×90mm。凸圆弧 *R*18 的

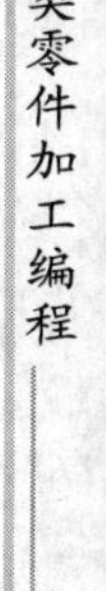

左半部分到 $\phi30$ 的一段可采用子程序调用单独加工，其他部分可采用 LCYC95、G71 循环指令进行粗加工。

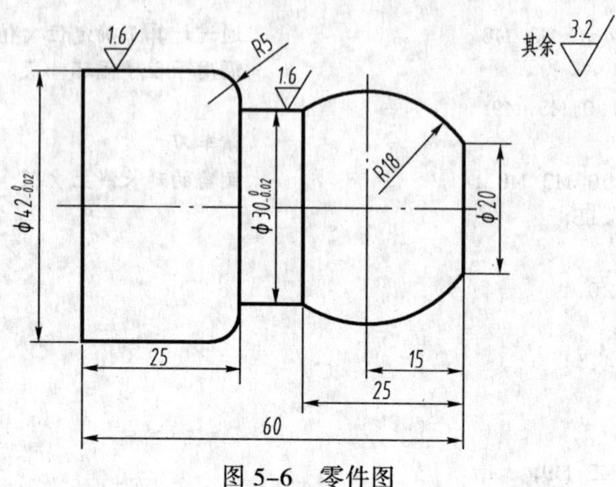

图 5-6　零件图

表 5-3　数控车削考核评分表

工件编号					总得分		
配分比例	项目	序号	技术要求	配分	评分标准	检测记录	得分
工件评分（70%）	外圆	1	$\phi30^{0}_{-0.02}$	10	超差 0.02，扣 4 分		
		2	$\phi42^{0}_{-0.02}$	10	超差 0.02，扣 4 分		
		3	*Ra* 1.6	10	超差各扣 2 分每处		
		4	$\phi20$	6	超差 0.1，扣 4 分		
		5	*R* 18	6	超差 0.1，扣 4 分		
		6	*R* 5	6	超差 0.1，扣 4 分		
		7	*Ra* 3.2	4	超差各扣 1 分每处		
	长度	8	25	4	超差 0.1，扣 2 分		
		9	25	4	超差 0.1，扣 2 分		
		10	60	4	超差 0.1，扣 2 分		
		11	*Ra* 3.2	6	超差各扣 1 分每处		
程序与机床操作（30%）	程序	12	程序规范、合理、正确	20	不规范每次扣 2 分		
	操作	13	安装正确，机床操作规范	10	不规范每次扣 3 分		
其他	安全	14	按时完成	倒扣	超时≤15 min，扣 5 分 超时 15～30 min，扣 10 分 超时≥30 min 终止考试		
		15	安全文明操作	倒扣	不规范每次扣 3 分		
		16	现场整理				

2．精度分析

（1）尺寸精度

本例中精度要求较高的尺寸主要有外圆 $\phi 30^{\ 0}_{-0.02}$ 和 $\phi 42^{\ 0}_{-0.02}$。

对于尺寸精度要求，主要通过在加工过程中的准确对刀、正确设置刀补及磨耗，以及正确制定合适的加工工艺等措施来保证。

（2）表面粗糙度

本例中外圆表面的表面粗糙度要求为 *Ra* 1.6，圆弧面及其他表面的粗糙度为 *Ra* 3.2。

对于表面粗糙度要求，主要通过选用合适的刀具及其几何参数，正确的粗、精加工路线，合理的切削用量及冷却等措施来保证。

二、分析加工工艺

1．编程原点的确定

为方便编程，该工件的编程原点设在工件的右端面与主轴轴线的交点上。

2．制定加工方案

采用一次装夹完成零件粗、精加工，然后切断。

3．工件定位、装夹与刀具选用

（1）工件的定位及装夹

工件左端采用三爪卡盘进行定位与夹紧，掉头加工时，采用一夹一顶的装夹方式。

（2）刀具的选用（见图 5-5）

4．制定加工工艺（见表 5-4）

表 5-4　数控加工工艺卡

（厂名）	数控加工工艺卡片		产品代号	零件名称		零件图号
工艺序号	程序编号	夹具名称	夹具编号	使用设备		车间
	数控加工工艺卡片					
工步号	工作内容（加工面）	刀具号	刀具规格	主轴转速 /（r/min）	进给速度 /（mm/r）	背吃刀量 /mm
1	粗加工外圆轮廓	T01	外圆粗车刀	600	0.3	0.5
2	粗加工凸圆弧 *R*18 的左半部分至 ϕ30 处	T02	外圆粗车刀 $k_r' \geq 15°$	450	0.2	1
3	精加工外圆轮廓	T03	外圆精车刀	1 200	0.1	0.2
4	割断零件，确保总长	T04	割刀	400	0.1	
5	工件精度检测					
编制	审核		批准		共　页　第　页	

三、编写加工程序

1．按 SIEMENS 802S 编写加工程序

```
EXE502. MPF
G90  G95  G00  X100  Z100                    绝对坐标编程，转进给
```

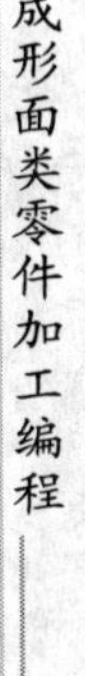

```
T1D1  S600  M03  M08
G00  X55  Z10
_CNAME= "L502"                      (设置坯料切削循环参数)
R105=1  R106=0.1  R108=2            R105=1 使外轮廓只进行粗加工
R109=0  R110=1   R111=0.3
R112=0.15
LCYC95
G00  X100  Z100 M5 M9
T2D1
G0 X54.5 Z-15 S450 M3 M8            设置子程序循环的起点 X=42+(42-30)+0.5
L503P4                              调用子程序 4 次，留 0.5 mm 的精加工余量
G90 G00 X100 Z100 M5 M9             子程序结束，绝对值编程
T3D1                                外圆精车刀——尖刀
G0 X20 Z1 S1200 M3 M8
G1 Z0 F0.1
G3 X30 Z-25 CR=18
G1 Z-35
   X32
G3 X42 Z-40 CR=5
G1 Z-65
G0 X100 Z100 M5 M9
M02

L502.SPF                            子程序一为轮廓外形轨迹（单调递增部分）
G0  X20  Z1
G1  Z0  F0.3
G03  X36  Z-15  CR=18
G01  Z-35
     X42
Z-65
X45
RET

L503.SPF                            子程序二为凸圆弧左端至φ30 的轨迹
G91 G1 X-3                          采用增量编程
G3 X-6 Z-10 CR=18                   R18 凸圆弧的左半部分
G1 Z-10
  X2
G3 X10 Z-5 CR=5
G1 X2                               径向退 2
G0 Z25
G1 X-8                              补偿起点与终点的径向差值: -（42-36+2）
RET
```

2. 按 FANUC 0i—TA 编写加工程序

```
O5002
T0101;
G0 X55.0 Z5.0 S600 M3 M8;
```

```
G71 U2.0  R1.0;
G71 P30  Q40  U0.2  W0.1  F0.3;
N30 G00 X20.0  Z1.;                    N30～N40 为轮廓外形轨迹（单调递增部分）
   G1 Z0;
G03  X36.0  Z-15.0  R18.0;
G01  Z-35.0 ;
X42.0;
G01  Z-60.0;
N40      X45.;
G00  X100.0  Z100.0 M5 M9;
T0202 ;
G0 X54.5 Z-15.0 S450 M3 M8;
M98  P0502 L4 ;                        调用子程序 O0502 循环 4 次
G0 X100. Z100. M5 M9;
T0303  ;                               精加工刀——尖刀
G0 X20. Z2. S1200 M3 M8;
G01  Z0 F0.1;
G03  X30.0  Z-25.0  R18.0;
G01  Z-35.0;
   X32.0;
G03  X42.0  Z-40.0  R5.0;
G01  Z-60.0;
G00  X100.0  Z100.0 M5 M9;
T0404;                                 割刀，宽度 4 mm
G00  Z-64.0 S400  M3 M8;
   X44.0;
G01  X-1.0 F0.1  ;                     零件割断
G00  X100.0  Z100.0 M5 M9;
M02;

O0502                                  子程序一
G1 U-3.;                               采用增量编程
G3 U-6. W-10. R18.  ;                  R18 凸圆弧的左半部分
G1 W-10.;
  U2.;
G3 U10. W-5. R5.;
G1 U2.;                                径向退 2 mm
G0 W25.;
G1 U-8.;                               消除循环起点与终点的径向增量
M99
```

学习评价

1. 学会凸圆弧面零件的常见加工工艺方法；
2. 掌握凸圆弧面零件的编程方法；
3. 熟悉两系统中子程序调用的方法及注意事项。

任务 5–3　综合成形面类零件加工

一、分析零件图样

零件图样如图 5–7 所示，坯料尺寸为 ϕ30mm × 120mm。根据零件外形轮廓既有凹圆弧又有凸圆弧且光滑连接的特点，除了采用前面使用的方法外，还可使用 FANUC 0i 系统的 G73 成形加工复合循环指令和 SEMENS 802D 系统的 LCYC95 毛坯切削循环指令，这里主要介绍 G73 指令的编程。

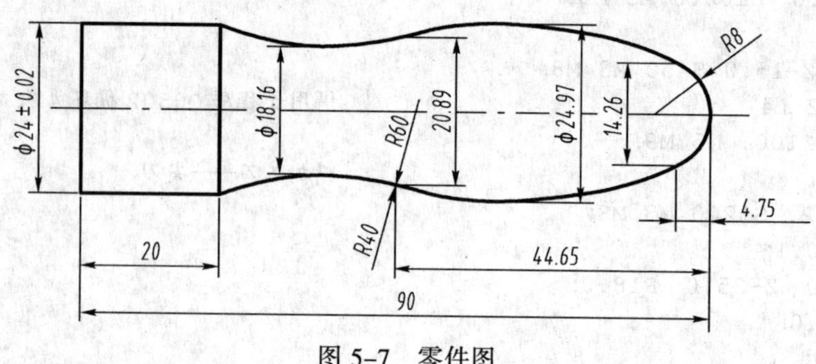

图 5–7　零件图

二、分析加工工艺

1．编程原点的确定

以工件右端面与轴线的交点作为编程坐标系的原点。

2．轮廓节点坐标的计算

节点坐标常用的计算方法有数值计算法和 CAD/CAXA 等绘图软件作图找点法。

通过计算得出 R60 与 R8、R40 处的切点绝对坐标分别为（14.62，–4.75）和（20.89，–44.65）。

3．制定加工工艺（见表 5–5）

表 5–5　数控加工工艺卡

（厂名）	数控加工工艺卡片		产品代号	零件名称		零件图号
工艺序号	程序编号	夹具名称	夹具编号	使用设备		车间
	数控加工工艺卡片					
工步号	工作内容（加工面）	刀具号	刀具规格	主轴转速 /（r/min）	进给速度 /（mm/r）	背吃刀量 /mm
1	粗加工外形轮廓	T01	外圆粗车刀 $k_r \geqslant 15°$	600	0.3	1
2	精加工外形轮廓	T02	外圆尖刀	1 200	0.15	0.2
3	切断	T03	切槽刀	400	0.1	
4	工件精度检测					
编制	审核		批准		共　页 第　页	

三、编写加工程序

按 FANUC 0i—TA 编写加工程序。

```
O5003
T0101;
G00  X40.0  Z10.0  S600 M3 M8;
G73  U12.  W0  R5;                    毛坯切除余量=（径向最大尺寸—最小尺寸）/2
G73  P30  Q40  U0.4  W0  F0.3;
N30 G0 X0  Z2.  ;
G1 Z0 F0.15 ;
G03  X14.62  Z-4.75  R8.0;
G03  X20.89  Z-44.65  R60.0;
G02  X24.0  Z-70.0  R40.0;
G01  Z-90.0;
     X30.;
N40 G00  X40.0  Z10.0  ;              回到循环起点构成一封闭路径
G0 X100. Z100. M5 M8;
T0202;                                精加工外圆尖刀
G0 X40. Z10. S1200 M3 M8;
G70  P30  Q40;
G00  X100.0  Z100.0  M5 M9;
T0303 ;                               割刀，刀宽 4 mm，以左角为刀位点
G00  Z-94.0  X26.0 S400 M3 M8;
G01  X-1.0  F0.1;
G00  X100.0  Z100.0 M5 M9;
M02;
```

重要提示

上述加工方法效率低，有很多走刀路径并未进行切削，所以可以采用 G71 指令先进行外径粗车循环，保留 $R60$ 至 $\phi 18.16$ 的凹圆弧段采用 G73 进行加工，这样可以提高效率。

1. 熟悉常见成形面零件的加工工艺方法；
2. 熟悉成形面零件各种的常见编程思路；
3. 对于部分“根切”类零件能采用 G73 指令进行正确编程。

思考与练习

拟定图 5-8 所示零件的加工工艺方案，合理选择刀具并编制加工程序。

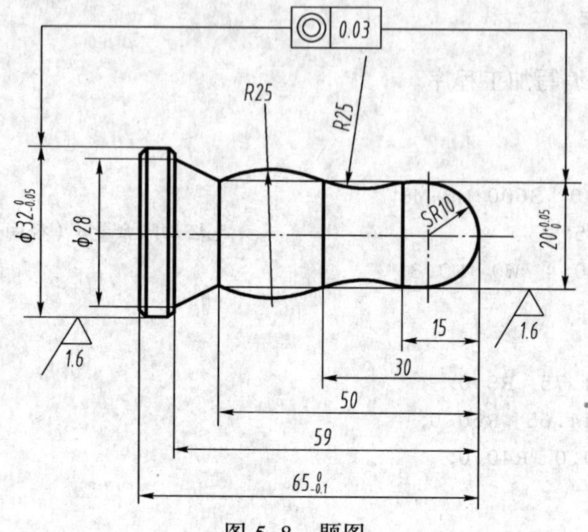

0.03
R25
R25
SR10
$\phi 32^{\;0}_{-0.05}$
$\phi 28$
$20^{+0.05}_{\;0}$
1.6
1.6
15
30
50
59
$65^{\;0}_{-0.1}$

图 5-8 题图

项目六
等螺距螺纹加工编程

螺纹连接是机械行业中经常采用的连接方法，其中又以等螺距螺纹连接为主，根据国家职业标准对中级数控车床操作工的技能要求，中级数控车工应掌握等螺距螺纹的加工，并保证加工精度。

学习编程指令

（一）SIEMENS 802S 系统编程指令

1．G33——螺纹加工单一循环指令

（1）功能

用 G33 功能可以加工各种类型的等螺距螺纹。

（2）指令格式

G33 Z__ K__；（加工圆柱螺纹）

G33 X__ Z__ K(I)__；（加工圆锥螺纹）

G33 X__ I__；（加工端面螺纹）

G33 Z__ K__ SF=__；（加工多线螺纹）

（3）相关说明：

① G33 指令加工圆柱螺纹时，K 指螺距。

② G33 指令加工圆锥螺纹时，K、I 均指螺距。当锥角小于 45° 时，使用 K 表示螺距；当锥角大于 45° 时，使用 I 表示螺距；当锥角等于 45° 时，可使用 K 或 I 中任一表示。

③ G33 指令加工端面螺纹时，I 指螺距。

④ G33 指令加工多线螺纹时，必须在程序段中使用指令指定每条螺旋线的切入点，即在程序段中插入 SF 字来指定螺旋线的切入点。

例如：加工双线圆柱螺纹指令为 G33 Z__ K__ SF=0（第一道螺纹），G33 Z__ K__SF=180（第二道螺纹）。

2．LCYC97——**螺纹加工复合循环**

（1）功能

用螺纹切削循环可以按纵向或横向加工形状为圆柱体或圆锥体的外螺纹或内螺纹，并且既能加工单头螺纹也能加工多头螺纹。切削进刀深度可自动设定。

左旋螺纹/右旋螺纹由主轴的旋转方向确定，它必须在调用循环之前的程序中设定。在螺纹加工期间，进给倍率修调功能和主轴倍率修调功能无效。

（2）指令格式

R100=___ R101=___ R102=___ R103=___ R104=___ R105=___ R116=___
R109=___ R110=___ R111=___ R112=___ R113=___ R114=___；
LCYC97

（3）指令使用的计算参数

① LCYC97 使用的参数如表 6-1 所示。

表 6-1 LCYC97 使用参数列表

参　数	含义及数值范围	参　数	含义及数值范围
R100	螺纹起始点直径	R109	空刀导入量，无符号
R101	纵向轴螺纹起始点	R110	空刀退出量，无符号
R102	螺纹终点直径	R111	螺纹深度，无符号
R103	纵向轴螺纹终点	R112	起始点偏移，无符号
R104	螺纹导程值，无符号	R113	粗切削次数，无符号
R105	加工类型，数值 1 或 2	R114	螺纹头数，无符号
R106	精加工余量，无符号		

通过图 6-1 可以对螺纹切削参数有进一步的理解。

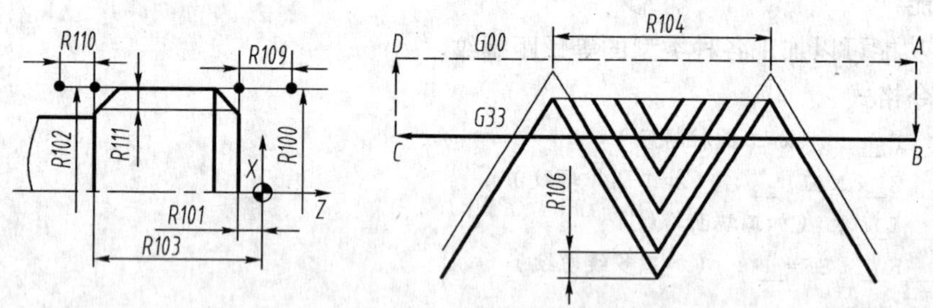

图 6-1 螺纹切削的动作及参数示意图

② 参数详细说明

R100：螺纹起始点直径系数。

R101：纵向轴螺纹起始点参数。对圆柱螺纹，R101 为 Z 向起点坐标。

R102：螺纹终点直径参数。对圆柱螺纹，该值与 R100 相等。

R103：纵向轴螺纹终点参数。

R104：螺纹导程值参数。对单头螺纹为螺距，该值无符号。

R105：加工方式参数。用于确定加工外螺纹还是内螺纹：若 R105=1，则为外螺纹加工；若

R105=2，则为内螺纹加工。该参数不允许出现其他值。

R106：精加工余量参数。用于设定螺纹的精加工余量。

R109、R110：空刀导入量和空刀退出量参数。参数 R109 和 R110 用于循环内部计算空刀导入量和空刀退出量，循环中编程起始点提前一个空刀导入量（一般选 3～5 mm），编程终点延长一个空刀退出量（一般选 1～2 mm）。

R111：螺纹深度参数（半径值）。可以通过查表或经验公式（R111=0.65*P*，*P* 为螺距）来确定螺纹的切削深度。

R112：起始点偏移参数。在该参数下指定一个角度值，由该角度确定车削件圆周上第一个螺纹线的切入点位置。该值一般取 0 即可。

R113：粗切削次数参数。R113 确定螺纹加工中粗切削次数，循环根据参数 R106 和 R111 自动计算出每次的切刀深度。

R114：螺纹头数参数。该参数确定螺纹头数。

③ 纵向螺纹和横向螺纹的判别

循环自动地判别是纵向螺纹加工还是横向螺纹加工。如果圆锥角小于或等于 45°，则按纵向螺纹加工，否则按横向螺纹加工。

（4）LCYC97 指令动作过程

① 用 G0 方式回第一条螺纹线空刀导入量的起始处。

② 按照参数 R105 确定的加工方式进行粗加工进刀。

③ 根据编程的粗切次数重复进行螺纹切削。

④ 用 G33 切削精加工余量。

⑤ 其他螺纹线的加工与上面所述类似。

（5）其他说明

由于在加工螺纹过程中存在刀具挤压的现象，故螺纹加工前，一般应使螺纹加工表面的直径加工到螺纹的实际大径(小径)。外螺纹实际大径计算式：$D_{实}=D-0.1P$，内螺纹实际小径为 $D_{实}=D-P$。

（二）FANUC 0i 系统编程指令

1．G92——螺纹加工单一循环指令

（1）指令格式

```
G92 X(U)_ Z(W)_ I_ F_;
```

其中，X（U）、Z（W）为螺纹切削的终点坐标；I 为螺纹部分半径之差，即螺纹切削起始点与切削终点的半径差。加工圆柱螺纹时，I=0。加工圆锥螺纹时，当 *X* 向切削起始点小于切削终点坐标时，I 为负，反之为正；F 为螺纹导程。

（2）相关说明 G92 的执行轨迹如图 6-2 所示。把“切入-螺纹切削-退刀-返回”4 个动作作为一个循环，用一个程序段来指令。

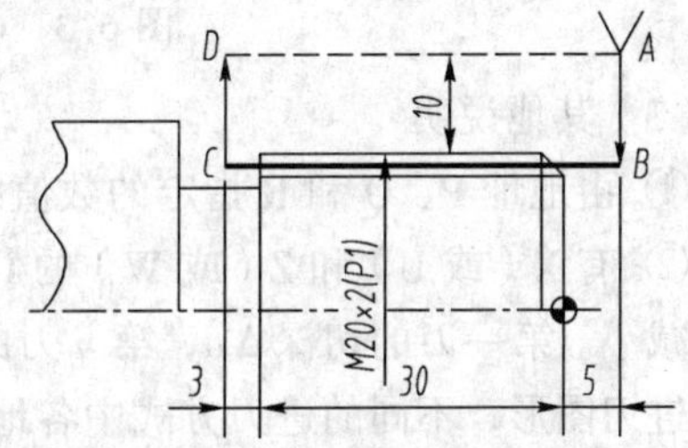

图 6-2　G92 圆柱螺纹的运动轨迹

2．G76——螺纹切削复合循环

（1）功能

G76 可用于加工内、外螺纹、圆柱、圆锥螺纹

和单线、多线螺纹。

（2）指令格式

```
G76  P(m)(r)(a) Q(Δdmin)R(d)
G76  X(或U) Z(或W) R(i) P(k) Q(Δd) F(L)
```

式中：m——精加工重复次数（1～99），该值是模态的。

r——倒角量。当螺距由 L 表示时，可以从 0.0L 到 9.9L 设定，单位为 0.1L（两位数：从 00 到 99），该值是模态的。

a ——刀尖角度。可以选择 80°、60°、55°、30° 29° 和 0° 六种中的一种，由两位数规定，该值是模态的。

例：当 m=2，r=1.2L，a=60°，指令如下（L 是螺距）：P021260，Δd_{min} 为最小切深（用半径值指定）。

G76 指令的动作及参数如图 6-3 所示。

d——精加工余量。

i——螺纹半径差。如果 i=0，可以进行普通圆柱螺纹的切削。

k——螺纹高，此值用半径规定（k=0.65P，P 为螺距）。

Δd——第一刀切削深度（半径值）。

L——螺距。

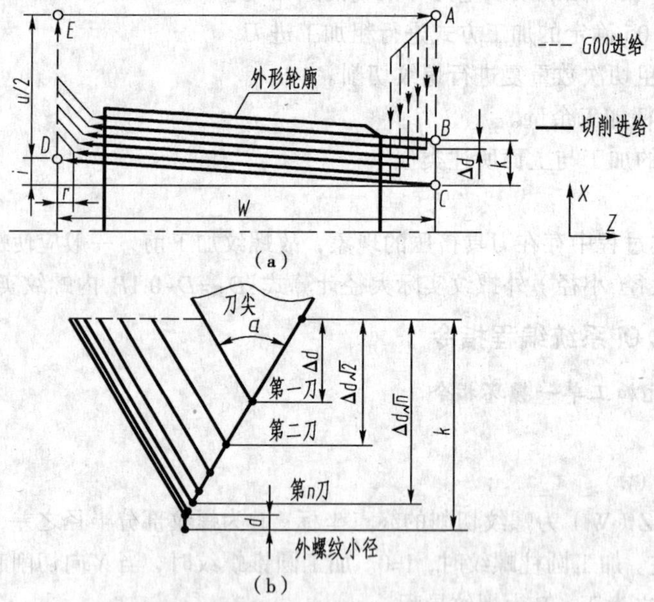

图 6-3　G76 循环的运动轨迹及进刀轨迹

（3）其他说明

① 由地址 P、Q 和 R 指定的数值的意义取决于 X（或 U）和 Z（或 W）的存在。

② 有 X（或 U）和 Z（或 W）的 G76 指令执行循环加工。该循环用一个刀刃切削，使刀尖的符合减小。第一刀的切深 Δd，第 n 刀的切深 Δd_n，每次切削循环的切除量均为常数。共有四种对称的进刀图形，不同的进刀方式中各地址符号不同，在图 6-3 中，C 和 D 之间的进给速度由地址 F 指定，而其他轨迹则是快速移动。图中增量尺寸的符号如下：

U、W：由刀具轨迹 *AC* 和 *CD* 的方向决定。

R：由刀具轨迹 *AC* 的方向决定。

P：+（总是）。

Q：+（总是）。

③ 在螺纹切削复合循环（G76）加工中，按下进给暂停按钮时，就跟螺纹切削循环终点的倒角一样，刀具立即快速退回，刀具返回到循环的起始点（切深为 Δd_n 处的）。当按下循环启动按钮时，螺纹切削恢复。

④ 对于多头螺纹的加工，可将螺纹加工起点 *Z* 坐标按螺距偏移。

（4）编程示例

① 外螺纹加工（见图 6–4）。

```
O7003
…
N50  T0303;                                  60° 螺纹刀
N60  G0 X35. Z3. S300 M3;
N70  G76 P051260 Q100 R100;                  循环 5 次，最小切削深度 0.1 mm
N80  G76 X27.4  Z-30. R0 P1300 Q200 F4.0;    螺纹小径=30-1.3P=27.4
N90  G0 Z5.                                  沿 Z 向偏移一个螺距 P，Z=3+2=5
N100 G76 P051260 Q100 R100;
N110 G76 X27.4  Z-30. R0 P1300 Q200 F4.0;
N120 G28 U0 W0;
N130 M30;
```

② 内螺纹加工（见图 6–5）。

```
O7004
…
N50  T0303;                                  60° 内螺纹刀
N60  G0 X25. Z4. S300 M3;
N70  G76 P051260 Q100 R100;                  循环 5 次，最小切削深度 0.1 mm
N80  G76 X30. Z-40. R0 P975 Q200 F1.5;       螺纹高=0.65P=0.975
N90  G28 U0 W0;
N100 M30;
```

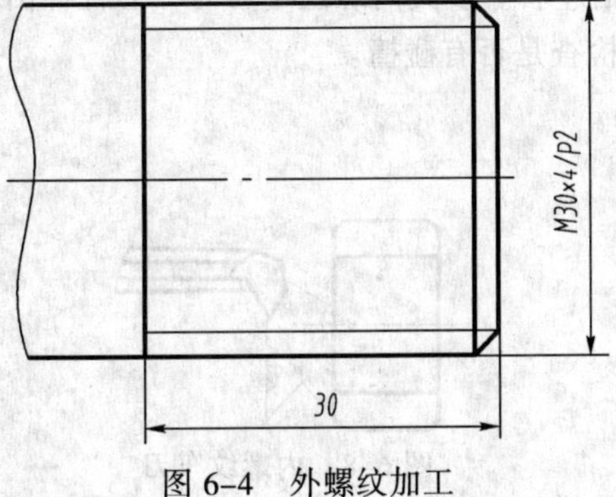

图 6–4　外螺纹加工

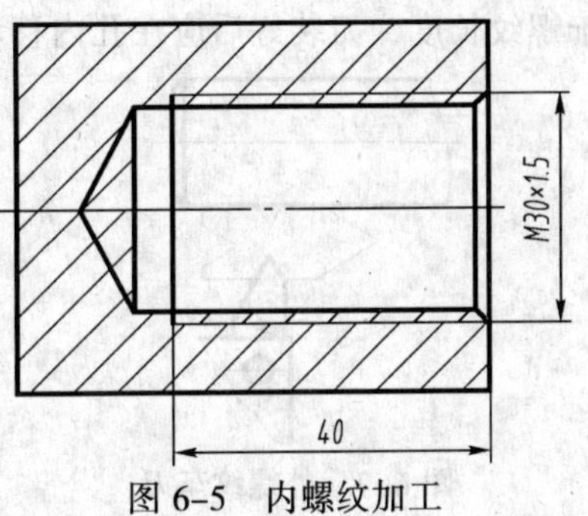

图 6–5　内螺纹加工

进行编程加工

任务 6-1　三角形圆柱外螺纹加工

一、分析零件图样

加工如图 6-6 所示三角形圆柱外螺纹。

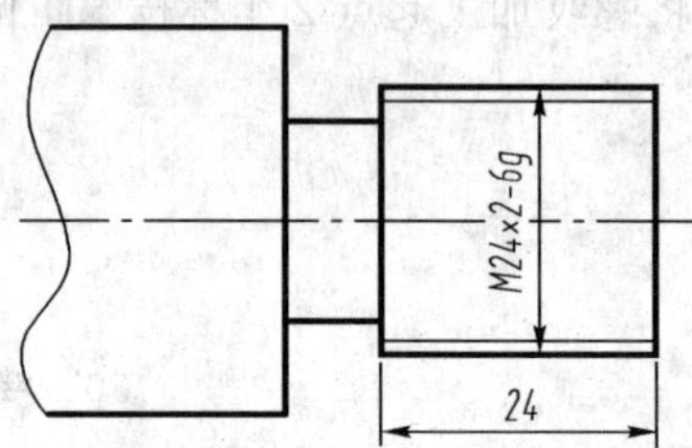

图 6-6　三角形圆柱外螺纹加工

二、分析加工工艺

1．编程原点的确定

根据编程原点的确定原则，该工件的编程原点取在完工工件的右端面与主轴轴线相交的交点上。

2．制定加工方案

根据工件的形状及加工要求，选用 CK6132 数控车床进行本例工件的加工。数控系统选用 FANUC 0i—TA 或 SIEMENS 802S。

3．工件定位、装夹与刀具选用

工件采用三爪卡盘进行定位与装夹。工件装夹时的夹紧力要适中，既要防止工件的变形与夹伤，又要防止工件在加工过程中产生松动。

车削螺纹时，为了保证齿形正确，对安装螺纹车刀提出了较严格的要求。装夹螺纹车刀时，刀尖位置一般应与车床主轴轴线等高，特别是内螺纹车刀的刀尖高必须严格保证。装刀时可用样板来对刀，如图 6-7 所示外螺纹车刀的装夹方法，图 6-8 所示为内螺纹车刀的装夹方法。另外，螺纹车刀刀头伸出不要过长，一般为刀杆厚度的 1.5 倍左右。装夹内螺纹车刀时，刀杆伸出长度稍大于螺纹长度，刀装好后应在孔内移动刀架至终点检查是否有碰撞。

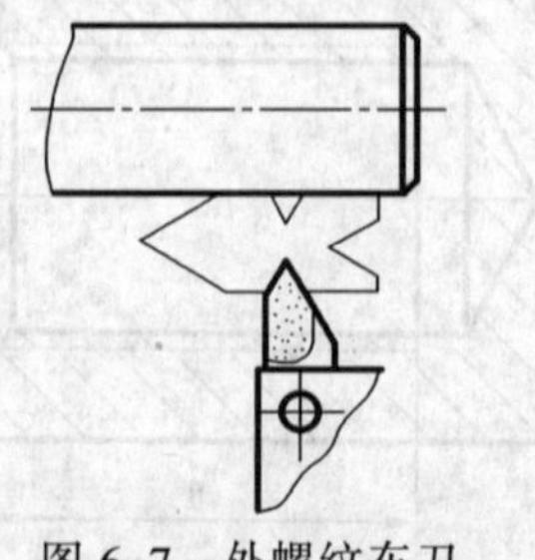

图 6-7　外螺纹车刀

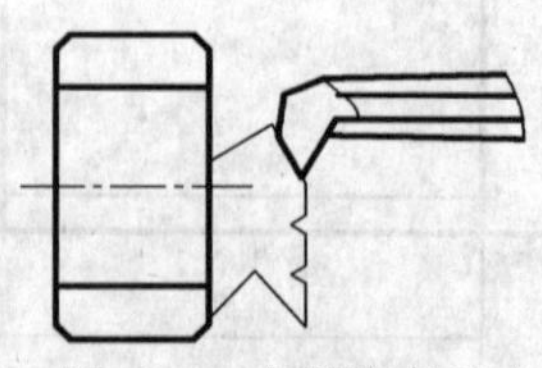

图 6-8　内螺纹车刀

4．确定加工参数

加工参数的确定取决于实际加工经验、工件的加工精度及表面质量、工件的材料性质、刀具的种类及形状、刀柄的刚性等诸多因素。

（1）主轴转速 n

根据实际情况，主轴转速选 400 r/min。

（2）进给速度 F

在保证工件质量的前提下，一般取 0.1 mm/r。

（3）背吃刀量 a_p

背吃刀量根据机床与刀具的刚性及加工精度来确定，具体数据见工艺卡。

5．制定加工工艺卡

通过以上分析，本任务的加工工艺如 6–2 所示。

表 6–2　数控加工工艺卡

<table>
<tr><td colspan="2">（厂名）</td><td colspan="2">数控加工
工艺卡片</td><td colspan="2">产品代号</td><td>零件名称</td><td colspan="2">零件图号</td></tr>
<tr><td colspan="2"></td><td colspan="2"></td><td colspan="2"></td><td></td><td colspan="2"></td></tr>
<tr><td>工艺序号</td><td>程序编号</td><td colspan="2">夹具名称</td><td colspan="2">夹具编号</td><td>使用设备</td><td colspan="2">车间</td></tr>
<tr><td></td><td colspan="3">数控加工工艺卡片</td><td colspan="2"></td><td></td><td colspan="2"></td></tr>
<tr><td>工步号</td><td colspan="3">工作内容（加工面）</td><td>刀具号</td><td>刀具规格</td><td>主轴转速/（r/min）</td><td>进给速度/（mm/r）</td><td>背吃刀量/mm</td></tr>
<tr><td>1</td><td colspan="3">车螺纹</td><td>T03</td><td>外螺纹车刀</td><td>400</td><td>0.1</td><td>分层 0.8、0.6、0.4、0.16</td></tr>
<tr><td>2</td><td colspan="3">工件精度检测</td><td></td><td></td><td></td><td></td><td></td></tr>
<tr><td>编制</td><td></td><td>审核</td><td></td><td>批准</td><td></td><td colspan="2"></td><td>共___页　第___页</td></tr>
</table>

三、编写加工程序

1．按 SIEMENS 802S 编写加工程序

```
EXE601. MPF
…
T3D1 S400 M03                              螺纹车刀
G00 X25 Z3                                 刀具定位，预留 3 mm 加速
R100=24  R101=0  R102=24  R103=-24         设定螺纹切削循环参数
R104=2   R105=1  R106=0.1  R109=1
R110=1   R111=1.3  R112=0  R113=15
R114=1
LCYC97                                     调用螺纹循环
…
```

2．按 FANUC 0i—TA 编写加工程序

```
O6001
…                                          毛坯已加工到φ23.8 mm 并切了槽
T0303 S400 M03;                            换螺纹车刀
```

```
G00 X25.0 Z3.0;
G76 P020060 Q100 R0.1;                               采用G76复合循环
G76 X24. Z-24. R0 P1300 Q300 F2.0;
G00 X150.0 Z50.0;
…
```

1. 熟悉三角形圆柱螺纹加工的一般步骤、注意事项；
2. 知道安装螺纹刀的具体要求和操作方法；
3. 能正确采用 LCYC97、G76 等指令进行螺纹的编程。

任务 6–2　三角形圆锥外螺纹加工

一、分析零件图样

加工如图 6–9 所示三角形圆锥外螺纹。

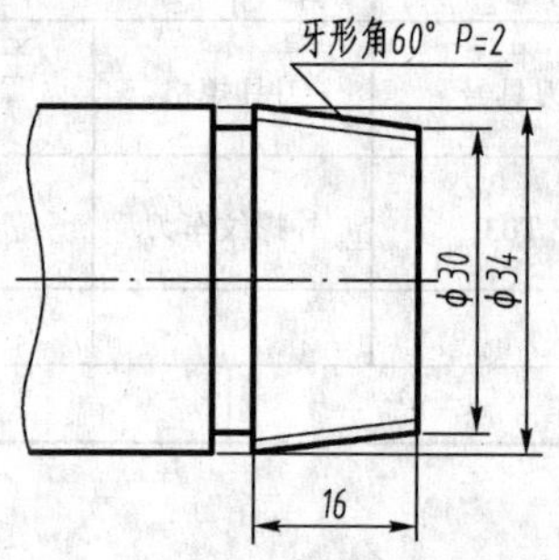

图 6–9　三角形圆锥外螺纹加工

二、分析加工工艺

分析加工工艺（略）。

三、编写加工程序

1. 按 SIEMENS 802S 编写加工程序

```
EXE602. MPF
…
T03 S400 M03                                         螺纹车刀
G00 X35 Z3
R100=30  R101=0  R102=34  R103=-16                   设定循环参数
R104=2   R105=1  R106=0.1  R109=1
R110=1   R111=1.3  R112=0  R113=15
R114=1
LCYC97                                               调用循环
…
```

2．按 FANUC 0i—TA 编写加工程序

```
O6002
…
T0303 S400 M03;                          换螺纹车刀
G00 X35.0 Z3.0;
G76 P020060 Q100 R0.1;                   G76 复合循环
G76 X34. Z-16. R-2. P1300 Q300 F2.0;
G00 X150.0 Z50.0;                        退刀时注意顶尖的位置
…
```

1．熟悉三角形圆锥外螺纹加工的一般步骤、注意事项；

2．能正确运用 LCYC97、G76 指令加工出符合尺寸精度要求的螺纹；

3．培养学生综合应用的能力。

任务 6–3　三角形圆柱内螺纹加工

一、分析零件图样

加工如图 6–10 所示三角形圆柱内螺纹，确定螺纹加工前的内孔直径为 30–2=28 mm。

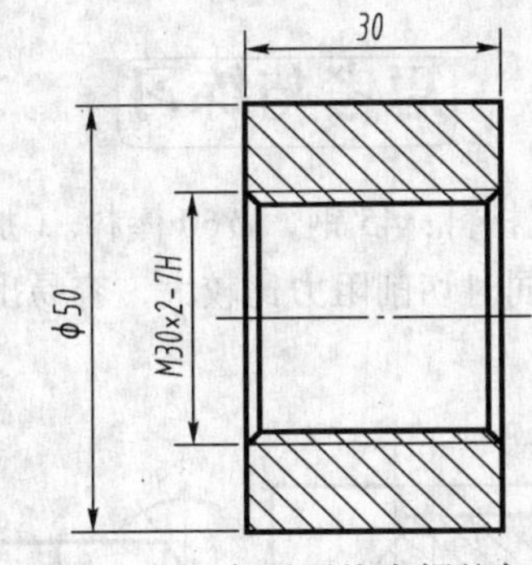

图 6–10　三角形圆柱内螺纹加工

二、分析加工工艺

分析加工工艺（略）

三、编写加工程序

1．按 SIEMENS 802S 编写加工程序

```
EXE603. MPF
…
T03 S400 M03
G00 X26 Z3
R100=30  R101=0  R102=30   R103=30
```

```
R104=2   R105=2  R106=0.1  R109=1
R110=1   R111=1.3  R112=0  R113=15
R114=1
LCYC97
…
```

2．按 FANUC 0i—TA 编写加工程序

```
O6003
…
G00 X27.0 Z2.0;                    快速定位至循环起点
G92 X29.0 Z-30.5 F2.0;             G92 指令加工内螺纹，分五层切削
X29.6;
X30.0;
X30.1;                             考虑了内螺纹的公差
X30.18;
G00 X100.0 Z100.0;
…
```

1．熟悉三角形圆柱内螺纹加工的一般步骤、注意事项；

2．能正确运用 LCYC97、G92 指令加工出符合尺寸精度要求的螺纹；

3．培养学生综合应用的能力。

思考与练习

加工如图 6–11 所示零件，毛坯材料：45 钢，ϕ60 棒料。（加工梯形螺纹时，如图 6–12 所示，往往采用梯形螺纹车刀，由于三刃同时切削阻力比较大，容易出现扎刀现象，故通常采用增加循环的次数）。

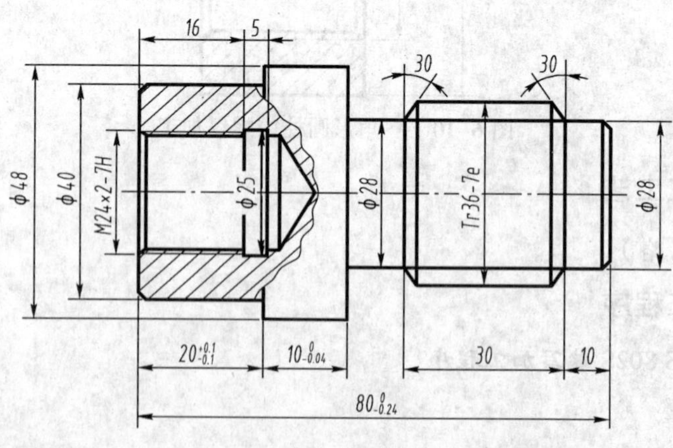

图 6–11　题图 1

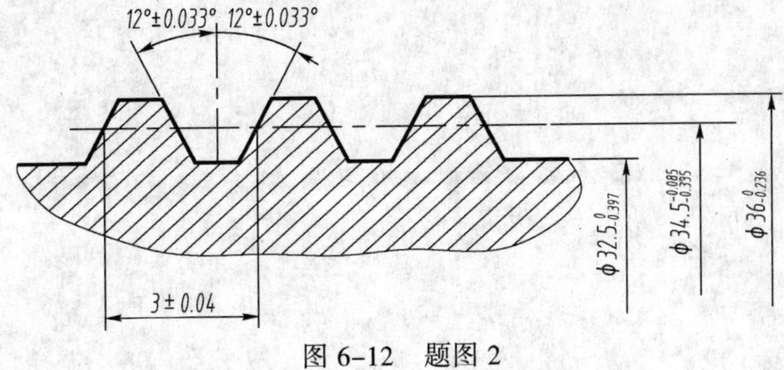

图 6-12　题图 2

项目七 零件综合加工编程训练

根据国家职业标准对中级数控车床操作工的技能要求，中级数控车工应掌握内、外圆表面，圆弧成形面和普通螺纹等内容的编程与加工，并保证各项加工精度。工件以单件考核为主，编程与操作的总时间约 3h。

学习编程指令

（一）SIEMENS 802S 系统编程指令

LCYC95——毛坯切削循环指令（详见项目四）。

LCYC97——螺纹加工复合循环（详见项目六）。

LCYC93——切槽复合循环。

（1）功能

在圆柱形工件上，不管是进行纵向加工还是进行横向加工，均可以利用切槽循环对称加工出切槽，包括外部切槽和内部切槽。

（2）指令格式

```
R100=__ R101=__ R105=__ R106=__ R107=__ R108=__ R114=__
R115=__ R116=__ R117=__ R118=__ R119=__ ;
LCYC93
```

（3）指令使用的计算参数

① LCYC93 使用的参数如表 7-1 所示。

表 7-1　LCYC93 使用参数列表

参　数	含义及数值范围	参　数	含义及数值范围
R100	横向坐标轴起始点	R114	槽宽，无符号
R101	纵向坐标轴起始点	R115	槽深，无符号
R105	加工类型，数值 1~8	R116	槽侧面斜度，无符号
R106	精加工余量，无符号	R117	槽口倒角

续表

参　数	含义及数值范围	参　数	含义及数值范围
R107	刀具宽度，无符号	R118	槽底倒角
R108	切入深度，无符号	R119	槽底停留时间

通过图 7-1 可以对表 7-1 中所列参数进一步理解。

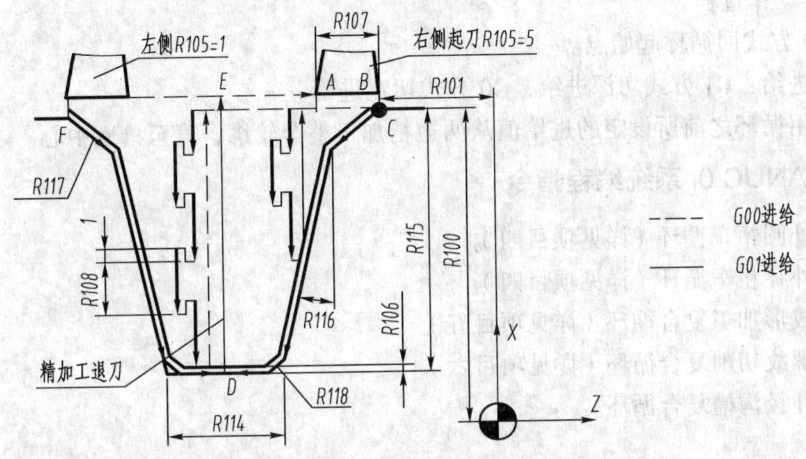

图 7-1　纵向、外部切槽动作及参数

② 关于参数的详细说明

R100：指定 X 向切槽起始点直径。

R101：指定 Z 轴方向切槽起始点。

R105：其具体参数值代表的加工方式如表 7-2 所示。

表 7-2　LCYC93 切槽方式

数　值	纵向加工/横向加工	内部加工/外部加工	起始点位置
1	纵向	外部	左边
2	横向	外部	左边
3	纵向	内部	左边
4	横向	内部	左边
5	纵向	外部	右边
6	横向	外部	右边
7	纵向	内部	右边
8	横向	内部	右边

R106：指定槽的精加工余量。

R107：定义刀具宽度。实际所用的刀具宽度必须与参数设定值一致，以保证加工出的槽的形状符合编程者意图。刀具宽度必须小于槽的最小宽度。

R108：对较深的槽的切削，参数 R108 有重要意义，通过在 R108 中指定的进刀深度将整个槽的切深分成多个切深进给。在每次切深后，刀具上提 1 mm，以便断屑。

R114：指定槽底的宽度值（不考虑倒角）。

R115：指定切槽的深度。

R116：指定槽侧面的斜度，单位为度（°）。取值为 0 时，表示加工矩形槽。

R117：确定槽口的倒角。

R118：确定槽底的倒角。

R119：用于设定合适的槽底停留时间。

（4）指令动作过程

① 用 G0 方式回循环起始点。

② 切深进给：G1 方式切深进给，G0 方式切宽进给。

③ 用调用循环之前所设定的进给值从两边精加工整个轮廓，直至槽底中心。

（二）FANUC 0i 系统编程指令

G70——外圆精车循环（详见项目四）。

G71——外径粗车循环（详见项目四）。

G73——成形加工复合循环（详见项目五）。

G76——螺纹切削复合循环（详见项目六）。

G75——外径沟槽复合循环。

（1）功能

G75 指令用于内、外径切槽或钻孔，本书只介绍 G75 指令用于外径沟槽加工，*X* 向切进一定的深度，再反向退刀一定的距离，实现断屑，具体动作及参数如图 7-2 所示。

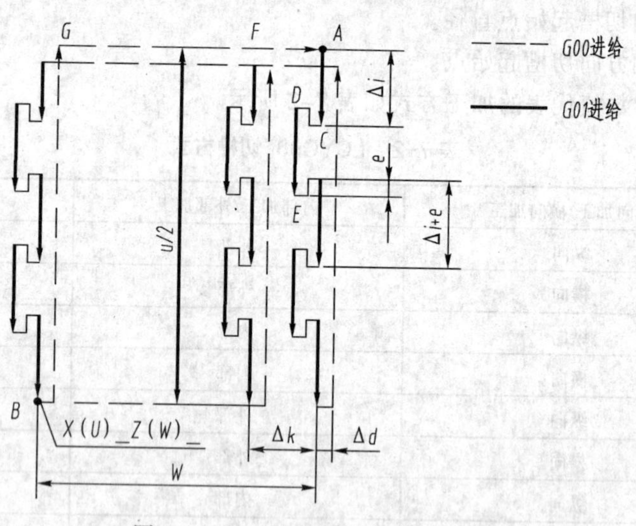

图 7-2　G75 指令段内部参数示意

（2）指令格式

```
G75  R(e)
G75  X(u)  Z(w)  P(Δi)  Q(Δk)  R(Δd)  F
```

式中　e——分层切削每次退刀量；

u——*X* 向终点坐标值；

w——*Z* 向终点坐标值；

Δi——X 向每次的切入量；

Δk——Z 向每次的移动量；

Δd——切削到终点时的退刀量（可以缺省）。

（3）编程示例

① 用于切削较宽的径向槽（见图 7-3）。

程序示例如下：

```
O7001
…
N50  T0202;                                  切槽刀，刃口宽 5 mm
N60  G0 X52. Z-15. S300 M3;
N70  G75 R1.
N80  G75 X30. Z-50. P3000 Q4500 F0.1;
N90  G28 X100. Z100.
N100 M30;
```

② 用于切削径向均布槽（见图 7-4）。

```
O7002
…
N50  T0202;                                  切槽刀，刃口宽 4 mm
N60  G0 X42. Z-10. S300 M3;
N70  G75 R1.
N80  G75 X30. Z-50. P3000 Q10000 F0.1;
N90  G28 U0 W0;
N100 M30;
```

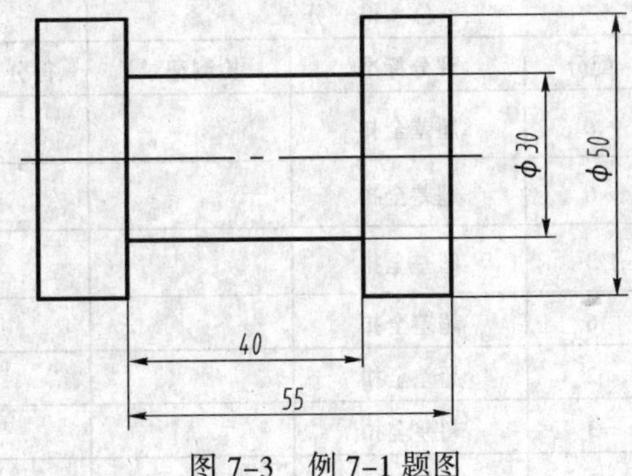

图 7-3 例 7-1 题图

φ30 φ40 6 4 10 54

图 7-4 例 7-2 题图

任务 7-1 零件综合加工训练一

一、分析零件图样

1. 零件图样

如图 7-5 所示零件，评分表如表 7-3 所示。坯料尺寸为 ϕ50 mm，长 85 mm。

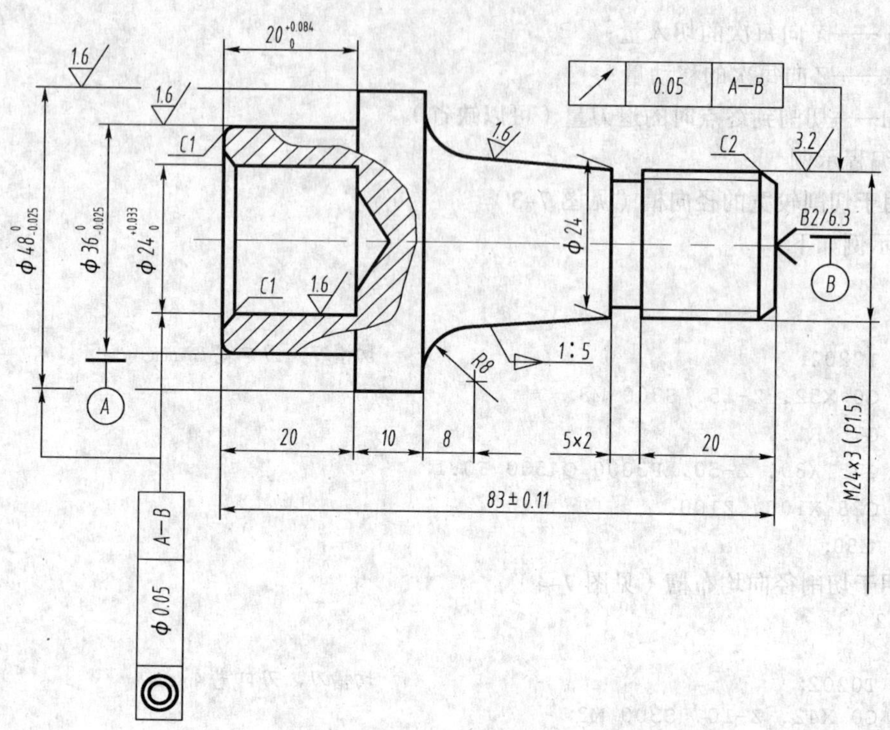

图 7-5　零件图

表 7-3　数控车削考核评分表

工件编号				总得分			
配分比例	项目	序号	技术要求	配分	评分标准	检测记录	得分
工件评分（70%）	外形	1	$\phi 48\,^{0}_{-0.025}$	6	超差全扣		
		2	$\phi 36\,^{0}_{-0.025}$	6	超差全扣		
		3	$20\,^{+0.084}_{0}$	3	超差全扣		
		4	83±0.11	6	超差全扣		
		5	同轴度 $\phi 0.05$	2	超差全扣		
		6	*R*（±0.5）	3	超差全扣		
		7	锥度 1∶5（±3′）	3	超差全扣		
		8	圆弧光滑连接	1	不合格全扣		
		9	*Ra* 1.6	5	每处扣 1 分		
	切槽	10	5×2（±0.3）	3	超差全扣		
		11	*Ra* 6.3	2	每处扣 1 分		
	车内孔	12	$\phi 24\,^{+0.033}_{0}$	6	超差全扣		
		13	同轴度 $\phi 0.05$	3	超差全扣		
		14	*Ra* 1.6	2	每处扣 1 分		

续表

工件编号				总得分			
配分比例	项目	序号	技术要求	配分	评分标准	检测记录	得分
工件评分（70%）	螺纹	15	M24×3（*P*1.5）-6g	6	不合格全扣		
		16	*Ra* 3.2	2	每处扣1分		
		17	圆跳动 0.05	5	超差全扣		
	其他	18	一般公差	4	每处超差扣1分		
		19	倒角	2	每处扣1分		
程序与机床操作（30%）	程序	20	程序规范、合理、正确	20	不规范每次扣2分		
	操作	21	工件及刀具安装正确，机床操作规范	10	不规范每次扣3分		
其他	安全	22	安全文明操作	倒扣	不规范每次扣3分		
		23	现场整理				

2．精度分析

（1）尺寸精度

本例中精度要求较高的尺寸主要有外圆 $\phi48^{\ 0}_{-0.025}$、$\phi36^{\ 0}_{-0.025}$，内孔 $\phi24^{+0.033}_{\ 0}$，长度 $10^{+0.084}_{\ 0}$、83 ± 0.11 和螺纹的中径 $d_2(^{-0.032}_{-0.182})$等。

对于尺寸精度要求，主要通过在加工过程中的准确对刀、正确设置刀补及磨耗，以及正确制定合适的加工工艺等措施来保证。

（2）几何精度

本例中主要的几何精度有外圆 $\phi48$ 轴线对组合基准轴线 *AB* 的同轴度公差及螺纹轴线对 AB 轴线的圆跳动公差。

对于几何精度要求，主要通过调整机床的机械精度，制定合理的加工工艺及工件的装夹、定位与找正等措施来保证。

（3）表面粗糙度

本例中，加工后的表面粗糙度要求为 *Ra* 1.6，切槽与其他表面的粗糙度为 *Ra* 6.3。

对于表面粗糙度要求，主要通过选用合适的刀具及其几何参数，正确的粗、精加工路线，合理的切削用量及冷却等措施来保证。

问题思考

当实际加工检测出来的零件尺寸精度达不到规定要求时，可以采取哪些办法来解决，其中最简洁有效地处理措施是什么？

二、分析加工工艺

由于工件在长度方向上的要求较低，根据编程原点的确定原则，该工件的编程原点取在完工工件的右端面与主轴轴线相交的交点上。

1．制定加工方案及加工路线

（1）选择数控机床及数控系统

根据工件的形状及加工要求，选用 CK6132 数控车床进行本例工件的加工。数控系统选用 FANUC 0i—TA 或 SIEMENS 802S。

（2）制定加工方案与加工路线

采用两次装夹后完成粗、精加工的加工方案，先加工左端内、外形，完成粗、精加工后，调头加工另一端。

重要提示

进行数控车削加工时，加工的起始点定在离工件毛坯 2 mm 的位置。尽可能采用轴向切削的方式进行加工，以提高加工过程中工件与刀具的刚性。

2．工件定位、装夹与刀具选用

（1）工件的定位及装夹

工件采用三爪卡盘进行定位于装夹。当掉头加工另一端时，采用一夹一顶的装夹方式。

工件装夹时的夹紧力要适中，既要防止工件的变形与夹伤，又要防止工件在加工过程中产生松动。工件装夹过程中，工件轴线应与主轴轴线同轴。

（2）刀具的选用

本例选用图 7-6 所示的几种刀具。

（a）

（b）

（c）

（d）

图 7-6　刀具的选用

根据实习条件，可选用整体式或机夹式车刀，4 种刀具的刀片材料均选用硬质合金。

3．确定加工参数

加工参数的确定取决于实际加工经验、工件的加工精度及表面质量、工件的材料性质、刀具的种类及形状、刀柄的刚性等诸多因素。

（1）主轴转速 n

硬质合金刀具材料切削钢件时，切削速度 v 取 80～220 r/min,根据公式 n=1 000 v / πD 及加工经验，并根据实际情况，本项目粗加工转速在 400～1000 r/min 内选取，精加工的主轴转速在 800～2 000 r/min 内选取。

（2）进给速度 F

粗加工时，为提高生产效率，在保证工件质量的前提下，可选择较高的进给速度，一般取 100～200 mm/min。当进行切槽、切断、车孔加工或采用高速钢刀具进行加工时，应选用较低的进给速度，一般在 50～100 mm/min 内选取。

精加工的进给速度一般取粗加工进给速度的 1/2。

刀具空行程的进给速度一般取 G00 速度，或在 G01 时选取 F800～F1 500 mm/min。

（3）背吃刀量 a_p

背吃刀量根据机床与刀具的刚性及加工精度来确定，粗加工的背吃刀量一般取 2～5 mm（直径量），精加工的背吃刀量等于精加工余量，精加工余量一般取 0.2～0.5 mm（直径量）。

（4）轮廓基点坐标计算

基点坐标常用的计算方法有数值计算法和 CAD/CAXA 软件作图找点法。

通过以上的方法计算出图 7-5 中 $R8$ 圆弧两切点（右和左）的坐标分别为（28.16，-45.8）和（44.08，-53.0）。

（5）制定加工工艺

通过以上分析，本项目的加工工艺如表 7-4 所示。

表 7-4　数控加工工艺卡

（厂名）	数控加工工艺卡片	产品代号		零件名称		零件图号
工艺序号	程序编号 / 夹具名称	夹具编号		使用设备		车间
	数控加工工艺卡片					
工步号	工作内容（加工面）	刀具号	刀具规格	主轴转速/（r/min）	进给速度/(mm/r)	背吃刀量/mm
1	手动钻孔		ϕ22 钻头	250	0.2	
2	手动加工左端面（含 Z 向对刀）	T01	外圆粗车刀	600	0.3	0.5
3	粗加工左端面内轮廓	T05	盲孔车刀	500	0.2	1.0
4	精加工左端面内轮廓			1 000	0.1	0.15
5	粗加工左端面外圆轮廓	T01	外圆粗车刀	600	0.25	1.5
6	精加工左端面外圆轮廓	T02	外圆精车刀	1 200	0.1	0.15
7	调头手动加工右端面（Z0）	T01	外圆粗车刀	600	0.25	1.5
8	粗加工右端面外圆轮廓	T01	外圆粗车刀	600	0.25	0.15
9	精加工右端面外圆轮廓	T02	外圆精车刀	1 200	0.1	0.5
10	切槽 5×2	T03	切槽刀	600	0.05	1.5
11	分线加工双线普通外螺纹	T04	普通外螺纹车刀	400	3	0.15
12	工件精度检测					
编制	审核	批准		共___页 第___页		

三、编写加工程序

1．按 SIEMENS 802S 系统编写加工程序

（1）工件左端的加工程序

```
EXE7101. MPF                          车左端的主程序
G90 G95 G00 X100  Z100
T5D1  S500  M03  M08                  盲孔车刀
G00  X20  Z10                         内孔粗加工
_CNAME= "L01"                         设置坯料切削循环参数
R105=3  R106=0.1  R108=0.5
R109=0  R110=1    R111=0.2
```

```
R112=0.1
LCYC95                                      调用坯料内孔切削循环粗加工
M00                                         程序暂停
S1000  M03  M08                             内孔精加工
G41 G01 X26  Z2
R105=7                                      设置坯料切削循环参数
LCYC95                                      调用内孔切削循环精加工
G40 G00 X100  Z100  M05 M09
M00
T1D1  S600  M03  M08
G00 X52  Z2
_CNAME= "L02"                               外轮廓粗车
R105=1  R106=0.2  R108=1.5                  设置坯料切削循环参数
R109=0  R110=1   R111=0.25
R112=0.1
LCYC95                                      调用外轮廓切削循环粗加工
G00 X100  Z100  M05 M09
M00
T2D1  S1200  M03  M08
G41 G01 X32  Z2
R105=5                                      调用外轮廓切削循环精加工
LCYC95
G40 G00 X100  Z100  M05 M09
M02                                         主程序结束
L01. SPF                                    车削左端内孔的子程序
G01 X28  Z1
X24  Z-1
Z-20
X21
RET                                         子程序结束
L02. SPF                                    车削左端外轮廓的子程序
G01 X32  Z1
    X36  Z-1
    Z-20
    X48
    Z-40                        为便于调头后准确找正，Z 向多切 10 mm，允许时，可尽量加长
    X52
RET                                         子程序结束
```

（2）车削工件右端的加工程序

```
EXE7102. MPF                                车右端的主程序
G90 G95 G00 X100 Z100 T1D1 S600 M03
G00 X52  Z2  M08
_CNAME= "L03"
```

```
R105=1  R106=0.2  R108=1.5                       设置坯料切削循环参数
R109=0  R110=1   R111=0.25
R112=0.1
LCYC95                                           调用外轮廓切削循环粗加工
G00 X100  Z100  M05  M09
M00
T2D1  S1200  M03  M08
R105=5                                           设置坯料切削循环参数
LCYC95                                           调用外轮廓切削循环精加工
G00 X100  Z100  M05  M09
M00
T3D1 S600  M03  M08                              切槽刀
G00 X26  Z-25  F0.05
R100=24  R101=-25  R105=1 R106=0.1               设置切槽循环参数
R107=4   R108=10   R114=5  R115=2
R116=0   R117=0    R118=0  R119=1
LCYC93                                           调用切槽切削循环
G00 X100  Z100  M05  M09
T4D1  S400  M3  M08                              外螺纹车刀
G00 X26  Z5
R100=24 R101=0  R102=24  R103=-20                设置螺纹切削循环参数
R104=3  R105=1  R116=0.1  R109=6
R110=4  R111=0.975  R112=0  R113=3               螺纹深度 R111=1.3P/2=1.3×1.5/2= 0.975
R114=2
LCYC97                                           调用螺纹切削循环
G00 X100  Z100  M05  M09
M30                                              主程序结束
L03. SPF                                         右端外轮廓子程序
G00 X18  Z1
G01 X23.7  Z-2                                   加工外螺纹前实际大径 D实= D-0.1Ph=24-
                                                 0.1×3=23.7 mm
Z-25
X24
X28.16  Z-45.8                                   切点坐标可以利用 CAD 作图求得
G02 X44  Z-53  CR=8
G01 X52
RET                                              子程序结束
```

2．按 FANUC 0i—TA 系统编写加工程序

(1) 车削工件左端轮廓的加工程序

```
O7101
G99 G40 G21;                         程序初始化：转进给、直径编程、取消刀具半径补偿
```

```
T0505;                                   盲孔车刀
G00 X20.0  Z2.0  S500  M03;
G71 U1.0  R0.3;
G71  P30  Q40  U-0.3  W0.05  F0.1 ;      内孔粗加工循环，F=0.1 mm/r  ap=1.0
N30 G01 X28.0  Z1.0  F0.05  S1000 ;      精加工 F0.05 mm/r S=1000 r/min，坐标设置
                                         在内倒角的延长线上
    X24.0  Z-1.0;
    Z-20.0;
N40      X21.0;  因毛坯内孔直径为φ22，故精加工结束程序段的 X 向坐标位置只要略小于 22
G70 P30  Q40;                            内孔精加工循环
G00 X100.0  Z100.0  M05  M09;
T0101 ;                                  转 1 号外圆粗车刀，取 1 号刀补
G00 X52.0  Z2.0  S600  M08;
G71 U1.5   R0.3;
G71 P50  Q60  U0.3  W0.15  F0.2;         粗加工循环，F=0.2 mm/r  ap=1.5
N50 G01 X32.0  Z1.0  F0.1  S1200;
   X35.988  Z-1.0;
   Z-20.042;
   X47.988;
   Z-40.0;
N60     X52.0;
G00 X100.0  Z100.0  M09;
T0202;                                   转外圆精车刀，取 2 号刀补
G00 52.0  Z2.0  M08;
G70 P50  Q60;
G00 X100.0  Z100.0  M05  M09;
M02
```

（2）车削工件右端轮廓的加工程序

```
O7102
G99 G40 G21;
T0101 ;                                  转外圆粗车刀
G00 X52.0  Z2.0  S600  M03  M08;         快速点定位至循环起点
G71 U1.5  R0.3;
G71 P10  Q20  U0.3  W0.15  F0.15;
N10 G00 X18.0  Z1.0;                     坐标位置在外倒角的延长线上
G01 X23.7  Z-2.0  F0.1  S1200;           加工外螺纹前实际大径 D实= D-0.1Ph=24-
                                         0.1×3=23.7 mm
   Z-25.0;
   X24.0;
   X28.16  Z-45.8;
```

```
G02 X44.0  Z-53.0  R8.0;
N20 G01 X52.0;
G00 X100.0  Z100.0  M09;
T0202 ;                                 转外圆精车刀
G00 X26.0  Z2.0  M08;
G70 P10  Q20 ;                          精车外圆
G00 X100.0  Z100.0  M09 ;               退刀至换刀点
T0303 ;                                 转槽刀，刀宽为2.5mm
M00;
G00 X25.0  Z-22.5  S600  M03  M08;
G75 R0.3 ;                              外径沟槽复合循环
G75 X20.0  Z-25.0  P1500  Q1500 F0.1;
G00 X100.0  Z100.0  M09;
T0404;                                  转普通外螺纹车刀
G00 X26.0  Z6.0  S400  M08;
G76 P020560  Q50  R0.05 ;               螺纹切削固定循环
G76 X22.05  Z-22.0  P900  Q400  F3 ;    螺纹根径 X=D-1.3P=22.05mm
G01 Z7.5 ;                              加工双线螺纹，Z向移动一个螺距
G76 P020560  Q50  R0.05 ;               加工第2条螺纹
G76 X22.05  Z-22.0  P900  Q400  F3;
G28 X100.0  Z100.0  M05  M09;
M02
```

学习评价

1. 能跟据零件图要求，合理选择进刀路线和切削用量；
2. 提高轴类零件工艺分析和程序编制的能力；
3. 能正确完成二次装夹零件的加工，并保证零件的尺寸精度；
4. 培养学生综合应用的能力。

任务 7–2　零件综合加工训练二

一、分析零件图样

零件图样如图 7–7 所示，评分表如表 7–5 所示。坯料尺寸为 $\phi 45$ mm，长 100 mm。

加工该零件时一般先加工零件外形轮廓，切断零件后调头加工零件总长，编程零点设置在零件右端面与轴线相交处。

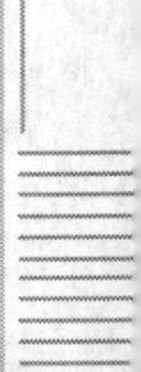

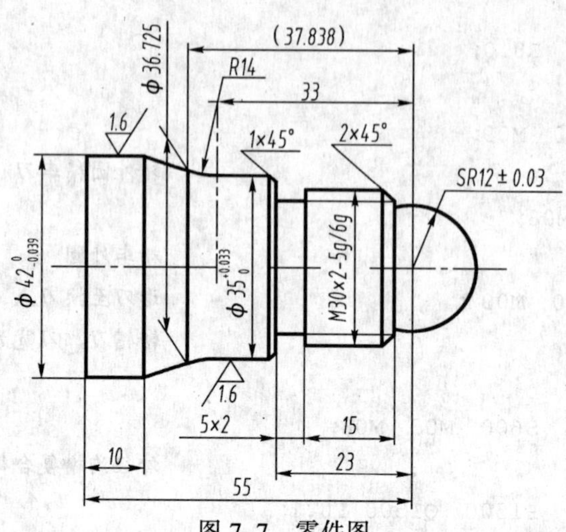

图 7-7　零件图

表 7-5　数控车削考核评分表

工件编号					总得分		
配分比例	项目	序号	技术要求	配分	评分标准	检测记录	得分
工件评分（70%）	外圆	1	$\phi 42_{-0.039}^{0}$　Ra 1.6	10/4	超差 0.01 扣 4 分、降级无分		
		2	$\phi 35_{0}^{+0.033}$　Ra 1.6	10/4	超差 0.01 扣 4 分、降级无分		
	圆弧	3	$SR12 \pm 0.03$　Ra 3.2	8/4	超差、降级无分		
		4	$R14$　Ra 3.2	8/4	超差、降级无分		
	螺纹	5	M30 × 2 – 5g/6g　大径	5	超差无分		
		6	M30 × 2 – 5g/6g　中径	8	超差 0.01 扣 4 分		
		7	M30 × 2 – 5g/6g　两侧 Ra 3.2	4	降级无分		
		8	M30 × 2 – 5g/6g　牙形角	5	不符无分		
	沟槽	9	5 × 2　两侧 Ra 3.2	4/2	超差、降级无分		
	长度	10	55	3	超差无分		
		11	23	3	超差无分		
		12	15	3	超差无分		
		13	10	3	超差无分		
工件评分（70%）	其他	14	1 × 45°	2	不符无分		
		15	2 × 45°	2	不符无分		
		16	未注倒角	2	不符无分		
程序与机床操作(30%)	程序	17	程序规范、合理、正确	20	不规范每次扣 2 分		
	操作	18	工件及刀具安装正确，机床操作规范	10	不规范每次扣 3 分		
其他	安全	19	安全文明操作	倒扣	不规范每次扣 3 分		
		20	现场整理				

二、分析加工工艺（见表 7-6）

表 7-6 数控加工工艺卡

（厂名）	数控加工工艺卡片	产品代号		零件名称		零件图号
工艺序号	程序编号	夹具名称	夹具编号	使用设备		车间
	数控加工工艺卡片					
工步号	工作内容（加工面）	刀具号	刀具规格	主轴转速/（r/min）	进给速度/（mm/r）	背吃刀量/mm
1	夹零件毛坯，伸出卡盘长度 87 mm					
2	手动加工右端面（含 Z 向对刀）	T1	端面车刀	450	0.1	0.5
3	粗加工零件外形轮廓至尺寸要求	T2	外圆粗车刀	600	0.3	1.5
4	精加工零件外形轮廓至尺寸要求	T3	外圆精车刀	1 200	0.08	0.25
5	切槽 5×2 至尺寸要求	T4	切槽刀宽 4mm	300	0.1	2
6	粗、精加工螺纹至尺寸要求	T5	螺纹车刀	520	2	
7	切断零件，总长留 0.5 mm 余量	T4	切断车刀	300	0.1	
8	零件调头，夹 ϕ42 外圆（校正）					
9	加工零件总长至尺寸要求					
10	回换刀点，程序结束					
11	工件精度检测					
编制		审核		批准		共___页 第___页

注：① 加工时，要注意编程零点和对刀零点的位置；

② 编程时注意零件的尺寸公差，合理选择进刀路线。

三、编写加工程序

1. 按 SIEMENS 802S 系统编写加工程序

```
EX7201.MPF
N05 G90 G95 G00 X80 Z100 T1D1 S450 M03        换刀点、端面车刀
N10 G00 X48 Z0 M08
N15 G01 X-0.5 F0.1
N20 G01 Z5  M09
N25 G00 X80 Z100 M05
N30 M00                                        程序暂停
N35 T2D1 S600 M03 M08                          外圆粗车刀
N40 G0 X60 Z10
_CNAME="L01"
R105=1 R106=0.25 R108=1.5                      设置坯料切削循环参数
R109=0 R110=2    R111=0.3
R112=0.08
```

```
N45 LCYC95                              调用坯料切削循环粗加工
N50 G00 X80 Z100 M05 M09
N55 M00                                 程序暂停
N60 T3D1 S1200 M03 M08                  外圆精车刀
N65 R105=5                              设置坯料切削循环参数
N70 LCYC95                              调用坯料切削循环精加工
N75 G00 X80 Z100 M05 M09
N80 M00                                 程序暂停
N85 T4D1 S300 M03 M08                   切槽车刀（宽 4 mm）
N90 G00 X37 Z-35
N95 G01 X26 F0.1
N100 G4 F1                              暂停 1 s
N105 G01 X37
N110 G01 Z-34
N115    X26
N120 G4  F1
N125 G0  X80
N130     Z100 M05 M09
N135 M00                                程序暂停
N140 T5D1 S520 M03 M08                  三角形螺纹车刀 60°
     G0 X35 Z-12                        Z 向加速段距离预留 3 mm
R100=30   R101= -3  R102=30             设置螺纹切削循环参数
R103=-18  R104 = 2  R105=1
R106=0.1  R109 = 5  R110=2
R111=1.3  R112 =0   R113=4
R114=1
N150 LCYC97                             调用螺纹切削循环
N155 G00 X80 Z100 M05 M09
N160 M00                                程序暂停
N165 T4D1 S300 M03  M08                 切断车刀（宽 4 mm）
N170 G00  X45  Z-71                     总长加上刀宽
N175 G01  X0   F0.1
N180 G00  X80  Z100 M05 M9
N185 M02                                程序结束
L01.SPF                                 子程序
N05 G0 X0  Z2
N10 G1 Z0
N15 G03 X24 Z-12 CR=12
N20 G01 Z-15
N25    X26
N30 G01 X29.8 Z-5
N35    Z-35
```

```
N40    X33
N45    X35.016 Z-36
N50    Z-45
N55 G02 X36.725 Z-49.838 CR=14
N60 G01 X41.981 Z-57
N65    Z-67
N70    X45
N75 RET                                  子程序结束
```

2．按 FANUC 0i—TA 系统编写加工程序

```
O7201
G99 G40 G21;                              程序初始化：转进给、直径编程
T0202;
G0 X60. Z5. S600 M3 M8;
G71 U2.  R1.;
G71 P10  Q20  U0.3  W0.15  F0.3;
N10 G0 X0 Z2.;
G1 Z0 F0.08;
G3 X24. Z-12. R12.;
G1 Z-15.;
   X26.;
   X29.8  Z-17.;
   Z-35.;
   X33.;
   X35.016  Z-36.;
   Z-45.;
G2 X36.725  Z-49.838  R14.;
G1 X41.981 Z-57.;
   Z-55.;
N20   X45.;
G0 X100.  Z100. M9 M5;
T0202;
G0 X50. Z5. S1200 M3 M8;
G70 P10 Q20;
M00;
G0 X100. Z100. M9 M5;
T0404;
G0 X40. Z-35. S300 M3 M8;
G1 X26. F0.1;
G4 X1;
G1 X32.;
   Z-34.;
   X26.;
G4 X1;
```

```
G0 X100. M5 M9;
  Z100.;
T0505;
G0 X35. Z-12. S520 M3 M8;
G76 P021260 Q100  R100;
G76 X27.4 Z-30. R0 P1300 Q200 F2.;
G28 X100. Z100. M5 M9;
M30;
```

1. 能根据零件图要求，合理选择进刀路线及切削用量；
2. 能控制螺纹加工的尺寸精度和表面粗糙度；
3. 掌握零件尺寸公差的变化对程序编制的要求。

任务 7–3　零件综合加工训练三

一、分析零件图样

零件图样如图 7-8 所示，评分表如表 7-7 所示。坯料尺寸为 ϕ45 mm，长 100 mm。

加工该零件时一般先加工零件左端，后调头加工零件右端。加工零件左端时，编程零点设置在零件左端面的轴心线上，程序名为 EX7301.MPF。加工零件右端时，编程零点设置在零件右端面的轴心线上，程序名为 EX7302.MPF。

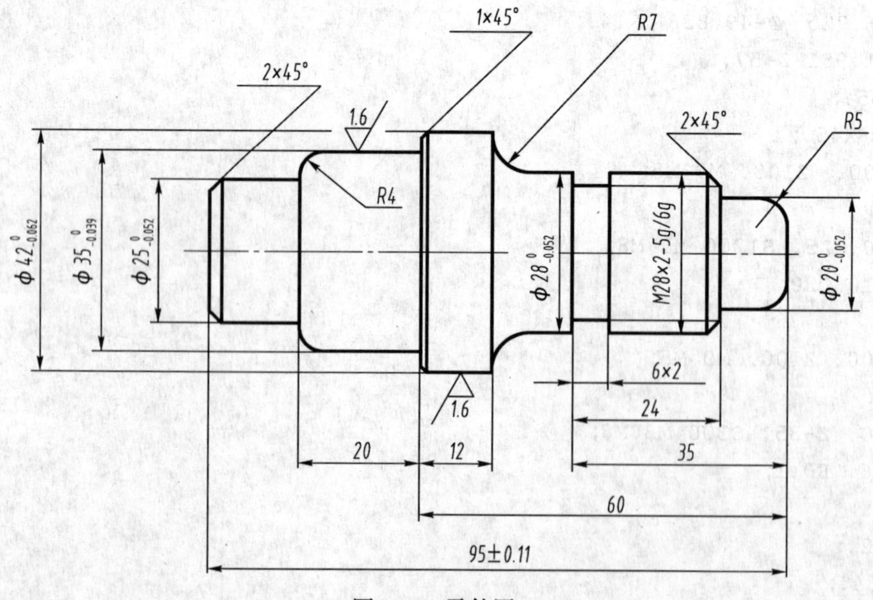

图 7-8　零件图

表 7-7　数控车削考核评分表

工件编号				总得分			
配分比例	项目	序号	技术要求	配分	评分标准	检测记录	得分
工件评分（70%）	外圆	1	$\phi 42_{-0.062}^{0}$　Ra 1.6	6/4	超差 0.01 扣 3 分，降级无分		
		2	$\phi 35_{-0.039}^{0}$　Ra 1.6	6/4	超差 0.01 扣 3 分，降级无分		
		3	$\phi 28_{-0.052}^{0}$　Ra 3.2	4/2	超差，降级无分		
		4	$\phi 25_{-0.052}^{0}$　Ra 3.2	4/2	超差，降级无分		
		5	$\phi 20_{-0.052}^{0}$　Ra 3.2	4/2	超差，降级无分		
	圆弧	6	R7　Ra 3.2	4/2	超差，降级无分		
		7	R5　Ra 3.2	4/2	超差，降级无分		
		8	R4　Ra 3.2	4/2	超差，降级无分		
	螺纹	9	M28 × 2–5g/6g 大径	2	超差无分		
		10	M28 × 2–5g/6g 中径	6	超差 0.01 扣 4 分		
		11	M28 × 2–5g/6 两侧 Ra3.2	4	降级无分		
		12	M28 × 2–5g/6g 牙形角	3	不符无分		
	沟槽	13	6 × 2	2/2	超差，降级无分		
	长度	14	95 ± 0.11	3/2	超差无分		
		15	60	3	超差无分		
		16	35	3	超差无分		
		17	24	3	超差无分		
		18	20	3	超差无分		
		19	12	3	超差无分		
	其他	20	1 × 45°	2	不符无分		
		21	1 × 45°	2	不符无分		
		22	未注倒角	1	不符无分		
程序与机床操作（30%）	程序	23	程序规范、合理、正确	20	不规范每次扣 2 分		
	操作	24	工件及刀具安装正确，机床操作规范	10	不规范每次扣 3 分		
其他	安全	25	安全文明操作	倒扣	不规范每次扣 3 分		
		26	现场整理				

二、分析加工工艺（见表 7-8）

表 7-8 数控加工工艺卡

（厂名）	数控加工工艺卡片		产品代号	零件名称		零件图号
工艺序号	程序编号	夹具名称	夹具编号	使用设备		车间
数控加工工艺卡片						
工步号	工作内容（加工面）	刀具号	刀具规格	主轴转速/（r/min）	进给速度/（mm/r）	背吃刀量/mm
1	（零件左端加工步骤） 夹零件毛坯，伸出卡盘长度 40 mm					
2	车端面	T1	端面车刀	450	0.1	0.5
3	粗加工零件左端轮廓至 $\phi 42\times 37$ mm	T2	外圆粗车刀	600	0.3	1.5
4	精加工零件左端轮廓至 $\phi 42\times 37$ mm	T3	外圆精车刀	1 200	0.08	0.25
5	回换刀点，程序结束					
6	（零件右端加工步骤） 夹 ϕ35 外圆					
7	车端面	T1	端面车刀	450	0.1	0.5
8	粗加工右端轮廓至尺寸要求	T2	外圆粗车刀	600	0.3	1.5
9	精加工右端轮廓至尺寸要求	T3	外圆精车刀	1 200	0.08	0.25
10	切槽 6×2 至尺寸要求	T4	切槽车刀	300	0.1	2
11	粗、精加工螺纹至尺寸要求	T5	螺纹车刀	520	2	
12	回换刀点，程序结束					
编制	审核		批准		共__页 第__页	

注：① 零件调头加工时，注意装夹位置；

② 合理选择切削用量，提高加工质量。

三、编写加工程序

1．按 SIEMENS 802S 系统编写加工程序

```
EX7301.MPF
N05 G90 G95 G00 X80 Z100 T1D1 S450 M03          换刀点、端面车刀
N10 G00 X48 Z0 M08
N15 G01 X-0.5 F0.1
N20 G01 Z5 M09
N25 G00 X80 Z100 M05 M9
N30 M00                                          程序暂停
N35 T2D1 S600 M03 M08                            外圆粗车刀
_CNAME= "L01"
R105=1 R106=0.25 R108=1.5                        设置坯料切削循环粗加工
R109=0 R110=2   R111=0.3
R112=0.08
N40 LCYC95
```

```
N45 G00 X80 Z100 M05 M09
N50 M00                                    程序暂停
N55 T3D1 S1200 M03                         外圆精车刀
N60 R105=5                                 设置坯料切削循环参数
N65 LCYC95                                 调用坯料切削循环精加工
N70 G00 X80 Z100 M05 M9
N75 M02                                    程序结束

EX7302.MPF
N05 G90 G95 G00 X80 Z100 T1D1 S450 M03     换刀点、端面车刀
N10 G00 X45 Z0 M08
N15 G01 X-0.5 F0.1
N20 G01 Z5 M09
N25 G00 X80 Z100 M05
N03 M00                                    程序暂停
N35 T2D1 S600 M03 M08                      外圆粗车刀
_CNAME="L02"
R105=1 R106=0.25 R108=1.5                  设置坯料切削循环参数
R109=0 R110=2  R111=0.3
R112=0.08
N40 LCYC95                                 调用坯料切削循环粗加工
N45 G00 X80 Z100 M05 M09
N50 M00                                    程序暂停
N55 T3D1 S1000 M03 M08                     外圆精车刀
N60 R105=5                                 设置坯料切削循环参数
N65 LCYC95                                 调用坯料切削循环精加工
N70 G00 X80 Z100 M05 M09
N75 M00                                    程序暂停
N65 T4D1 S300 M03 M08                      切槽车刀（宽 4 mm）
N70 G00 X30 Z-35
N75 G01 X24 F0.1
N80 G01 X30
N85 G01 Z-33
N90 G01 X23.8
N95 G01 Z-35
N100 G01 X30
N105 G00 X80 Z100 M05 M09
N110 M00                                   程序暂停
N115 T5D1 S520 M03 M08                     三角形螺纹车刀（60°）
G0 X30. Z-8.
R100=28   R101=-11  R102=28                设置螺纹切削循环参数
R103=-29  R104=2    R105=1
R106=0.1  R109=5    R110=2
R111=1.3  R112=0    R113=4
```

```
R114=1
N120 LCYC97                             调用螺纹切削循环
N125 G00 X80 Z100 M05
N130 M02                                程序结束

L01.SPF                                 子程序一
N05 G0 X19 Z1
N10 G01 X24.974 Z-2
N15 G01 Z-15
N20 G01 X34.981 RND=-4
N25 G01 Z-35
N30 G01 X40
N35 G01 X41.967 Z-36
N40 G01 Z-50
N45 G01 X45
N50 RET                                 子程序结束

L02.SPF                                 子程序二
N05 G01 X10 Z0
N10 G03 X19.974 Z-5 CR=5
N15 G01 Z-11
N20 G01 X23.8
N25 G01 X27.8 Z-13
N30 G01 Z-35
N35 G01 X27.974
N40 G01 Z-41
N45 G02 X41.974 Z-48 CR=7
N50 G01 X45
N55 RET                                 子程序结束
```

2．按 FANUC 0i—TA 系统编写加工程序

```
O7301                                   加工左端零件程序
G99 G40 G21 ;                           程序初始化
S600 M3 M8 T0202;
G0 X55. Z5. ;
G71 U2.  R1.;
G71 P10  Q20  U0.3  W0.05  F0.3;
N10 G0 X19. Z1.;
G01 X24.974 Z-2. F0.1;
    Z-15.;
    X34.981 R-4.;
    Z-35.;
    X40.;
    X41.967 Z-36.;
```

```
   Z-50.;
N20    X45.;
G0 X100. Z100. M9 M5;
T0303;
G0 X45. Z5. S1200 M3;
G70 P10 Q20;
G28 X100. Z100. M5 M9;
M30;

O7302                                               加工零件右端
G99 G40 G21;                                        程序初始化
S600 M3 M8 T0202;
G0 X55. Z5.;
G71 U2. R1.;
G71 P10 Q20 U0.3 W0.05 F0.3;
N10 G01 X10. Z0;
G03 X19.974 Z-5. R5.;
G01 Z-11.;
    X23.8;
    X27.8 Z-13.;
    Z-35.;
    X27.974;
    Z-41.;
G02 X41.974 Z-48. R7.;
N20 G01 X45.;
G0 X100. Z100. M5 M9;
T0303;
G0 X25. Z5. S1200 M3 M8;
G70 P10 Q20;
G0 X100. Z100. M5 M9;
T0404 S300 M03 M08;                                 切槽车刀（宽 4 mm）
G0 X30. Z-35.;
G1 X24. F0.1;
   X30.;
   Z-33.;
   X23.8;
   Z-35.;
G0 X80.;
   Z100. M05 M09;
   M00;
T0505;
G0 X30. Z-8. S520 M3 M8;
G76 P021260 Q100 R100;
```

```
G76 X25.4 Z-31. R0 P1300 Q200 F2.;
G28 X100. Z100. M5 M9;
M30;
```

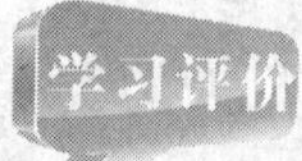

1. 掌握一般轴类零件的程序；
2. 能合理采用一定的加工技巧来保证加工精度；
3. 培养学生综合应用的能力。

任务 7–4　零件综合加工训练四

一、分析零件图样

零件图样如图 7–9 所示，评分表如表 7–9 所示。坯料尺寸为 ϕ45 mm，长 120 mm。

加工该零件时一般先加工零件左端，后掉头加工零件右端。加工零件左端时，编程零点设置在零件左端面的轴心线上，程序名为 EX7401.MPF 或 O7401。加工零件右端时编程零点设置在零件右端面的轴心线上，程序名为 EX7402.MPF 或 O7402，由于该零件从右往左加工的过程中径向尺寸不完全呈递增的规律，存在 *R*20 圆弧的凸起部分，故 SIEMENS 802S 系统不能用 LCYC95 指令加工，只有在 802D 系统中才能用 LCYC95，FANUC 0i 系统不能用 G71 指令加工，只能用 G73。

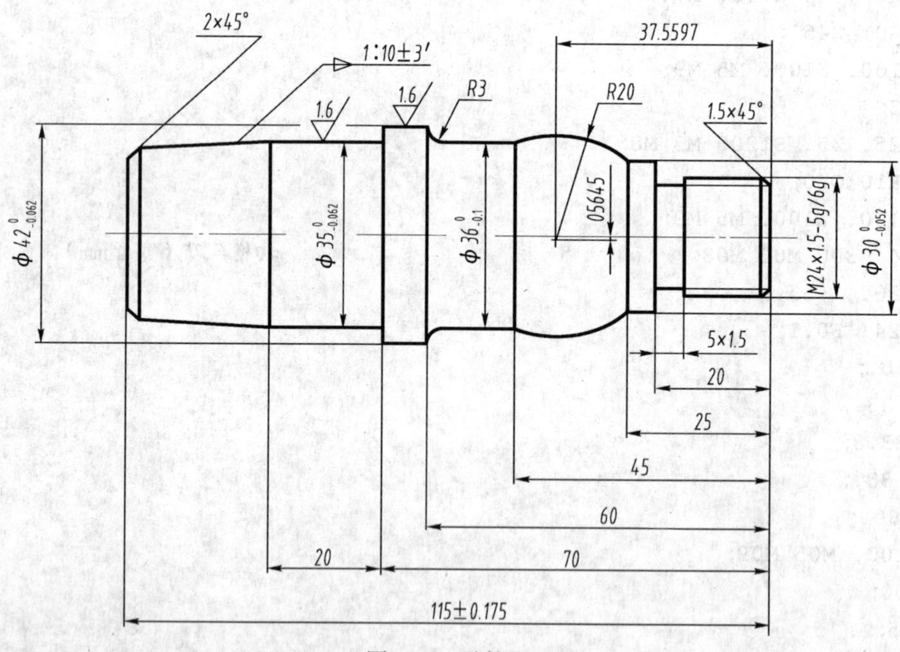

图 7–9　零件图

表 7-9　数控车削考核评分表

工件编号			总得分				
配分比例	项目	序号	技术要求	配分	评分标准	检测记录	得分
工件评分（70%）	外圆	1	$\phi 42_{-0.062}^{0}$　$Ra\,1.6$	6/4	超差 0.01 扣 3 分，降级无分		
		2	$\phi 36_{-0.1}^{0}$　$Ra\,3.2$	6/4	超差 0.01 扣 3 分，降级无分		
		3	$\phi 35_{-0.062}^{0}$　$Ra\,1.6$	4/2	超差，降级无分		
		4	$\phi 30_{-0.052}^{0}$　$Ra\,3.2$	4/2	超差，降级无分		
	锥度	5	1 : 10　$Ra\,3.2$	6/4	超差，降级无分		
	圆弧	6	$R20$　$Ra\,3.2$	4/4	超差，降级无分		
		7	$R3$　$Ra\,3.2$	4/4	超差，降级无分		
	螺纹	8	M24 × 1.5–5g/6g　大径	2	超差无分		
		9	M24 × 1.5–5g/6g　中径	6	超差 0.01 扣 4 分		
		10	M24 × 1.5–5g/6g 两侧 $Ra\,3.2$	4	降级无分		
		11	M24 × 1.5–5g/6g　牙型角	2	不符无分		
	沟槽	12	5 × 1.5　两侧 $Ra\,3.2$	4/4	超差，降级无分		
	长度	13	115 ± 0.175　两侧 $Ra\,3.2$	2/2	超差，降级无分		
		14	70	2	超差无分		
		15	60	2	超差无分		
		16	45	2	超差无分		
		17	25	2	超差无分		
		18	20	2	超差无分		
		19	20	2	超差无分		
	其他	20	2 × 45°	2	不符无分		
		21	1.6 × 45°	2	不符无分		
		22	未注倒角	2	不符无分		
程序与机床操作（30%）	程序	23	程序规范、合理、正确	20	不规范每次扣 2 分		
	操作	24	工件及刀具安装正确，机床操作规范	10	不规范每次扣 3 分		
其他	安全	25	安全文明操作	倒扣	不规范每次扣 3 分		
		26	现场整理				

二、分析加工工艺（见表 7-10）

表 7-10　数控加工工艺卡

（厂名）	数控加工工艺卡片		产品代号		零件名称		零件图号
工艺序号	程序编号	夹具名称	夹具编号		使用设备		车间
	数控加工工艺卡片						
工步号	工作内容（加工面）		刀具号	刀具规格	主轴转速	进给速度	背吃刀量
1	（零件左端加工步骤） 夹零件毛坯，伸出卡盘长度 55 mm						
2	车端面		T1	端面车刀	450	0.1	0.5
3	粗加工零件左端轮廓至 $\phi42\times53$ mm		T2	外圆粗车刀	600	0.3	1.5
4	精加工零件左端轮廓至 $\phi42\times37$ mm		T3	外圆精车刀	1 200	0.08	0.25
5	回换刀点，程序结束						
6	（零件右端加工步骤）夹 $\phi35$ 外圆						
7	车端面		T1	端面车刀	450	0.1	0.5
8	粗加工右端至 $R3$ 处（$R20$ 过 90° 部分至 $R3$ 处加工时为一外圆）		T2	外圆粗车刀	600	0.3	1.5
9	粗加工 $R20$ 过 90° 部分至 $R3$ 处（子程序编程）		T3	外圆粗车刀	650	0.08	0.25
10	精加工右端轮廓至 $R3$		T4	外圆精车刀	1 200	0.3	2
11	切槽 5×1.5 至尺寸要求		T5	切槽车刀	300	0.1	2
12	粗、精加工螺纹至尺寸要求		T7	螺纹车刀	720	1.5	
13	回换刀点，程序结束						
编制	审核		批准		共___页　第___页		

注：① 合理选择切削用量，提高加工质量；

② 二次装夹零件时，避免夹伤已精加工后的表面；

③ 注意锥度端角处坐标点的计算及编程技巧；

三、编写加工程序

1. 按 SIEMENS 802S 系统编写加工程序

```
EX7401.MPF
N05 G90 G95 G00 X80 Z100 T1D1 S450 M03        换刀点、端面车刀
N10 G00 X48 Z0 M08
N15 G01 X-0.5 F0.1
N20 G01 Z5 M09
N25 G00 X80 Z100 M05
N30 M00                                        程序暂停
N35 T2D1 S600 M03 M08                          外圆粗车刀
G0 X60 Z10
_CNAME="L01"
```

```
R105=1 R106=0.25 R108=1.5 R109=0          设置坯料切削循环参数
R110=2  R111=0.3  R112=0.08
N40 LCYC95                                调用坯料切削循环粗加工
N45 G00 X80 Z100 M05 M09
N50 M00                                   程序暂停
N55 T3D1 S1200 M03 M08                    外圆精车刀
N60 R105=5                                设置坯料切削循环参数
N65 LCYC95                                调用坯料切削循环精加工
N70 G00 X80 Z100 M05 M09
M75 M02                                   程序结束

EX7402 .MPF
N05 G95 G00 X80 Z100 T1D1 S450 M03        换刀点、端面车刀
N10 G00 X45 Z0 M08
N15 G01 X-0.5 F0.1
N20 G01 Z5 M09
N25 G00 X80 Z100 M05
N30 M00                                   程序暂停
N35 T2D1 S600 M03 M08                     外圆粗车刀
_CNAME="L02"
R105=1  R106=0.25  R108=1.5               设置坯料切削循环参数
R109=0  R110=2  R111=0.3  R112=0.08
N40 LCYC95                                调用坯料切削循环粗加工
N45 G00 X80 Z100 M05 M09
N50 M00                                   程序暂停）
N55 T3D1 S650 M03 M08                     外圆粗车刀（副偏角≥30°）
N60 G00 X47.371 Z-37.5597
N65 L03P4                                 L03 子程序循环 4 次
N70 G90 G00 X80 Z100 M05 M09
N75 M00                                   程序暂停
N80 T4D1 S1200 M03 M08                    外圆精车刀（副偏角≥30°）
N85 G00 X20.85  Z5                        精加工右端轮廓
N90 G01 Z0  F0.08
N95 G01 X23.85 Z-1.5 F0.3
N100 G01 Z-20
N110 G01 X29.974
N115 G01 Z-25
N120 G03 X35.95 Z-45 CR=20
N125 G01 Z-60 RND=3
N130 G01 X45
N140 G00 X80 Z100 M05 M09
N145 M00                                  程序暂停
N150 T5D1 S300 M03 M08                    切槽车刀（宽 4 mm）
N155 G00 X35 Z-20
```

```
N160 G01 X21 F0.1
N165 G01 X35
N170 G01 Z-19
N175 G01 X20.85
N180 G01 Z-20
N185 G01 X35
N195 G00 X80 Z100 M05 M09
N195 M00                                  程序暂停
N200 T7D1 S720 M03 M08                    三角形螺纹车刀（60°）
R100=24    R101=0    R102=24              设置螺纹切削循环参数
R103=-15   R104=1.5  R105=1
R106=0.1   R109=5    R110=2
R111=0.975  R112=0   R113=3
R114=1
N205 LCYC97                               调用螺纹切削循环
N210 G00 X80 Z100 M05 M09
N215 M02                                  程序结束

L01.SPF                                   子程序一
N05 G0 X26.7 Z1                           利用锥度1：10求左端直径
N10 G1 X32.7 Z-2
N15 G01 X34.969 Z-25
N20 G01 Z-45
N25 G01 X41.969
N30 G01 Z-55
N35 G01 X45
N45 RET                                   子程序结束

L02.SPF                                   子程序二
N05 G0  X19 Z1
N10 G01 X23.85 Z-1.5
N15 G01 Z-20
N20 G01 X29.974
N25 G01 Z-25
N30 G03 X38.871 Z-37.5597 CR=20
N35 G01 X42 Z-60
N40 G01 X45
N45 RET                                   子程序结束

L03.SPF                                   子程序三
N05 G91 G01 X-2 F0.1                      采用增量方式编程
N10 G03 X-2.871 Z-7.4403 CR=20
N15 G01 Z-12
N20 G02 X6 Z-3 CR=3
N25 G01 X2
```

```
N30 G00 Z22.4403
N35 G01 X-5.129
N40 RET                                子程序结束
```

2. 按 FANUC 0i—TA 系统编写加工程序

```
O7301                                  加工左端零件程序
G99 G40 G21 ;                          程序初始化
S600 M3 M8 T0202;
G0 X60. Z5.;
G71 U2.  R1.;
G71 P10  Q20  U0.3  W0.15  F0.3;
N10 G0 X26.7 Z1. ;
G1 X32.7 Z-2. F0.08;
   X34.969 Z-25.;
   Z-45.;
   X41.969;
   Z-55.;
N20   X45.;
G0 X80. Z100. M5 M9;
T0303;
G0 X55. Z10. S1200 M3 M8;
G70 P10 Q20;
G28 X100. Z100. M5 M9;
M30;

O7302                                  加工右端零件程序
G99 G40 G21 ;                          程序初始化
S600 M3 M8 T0202;
G0 X60. Z5.;
G73 U10. W0  R5;
G73 P10 Q20 U0.3 W0.15 F0.3;
N10 G01 X19. Z1.;
G01 X23.85 Z-1.5 F0.08;
    Z-20.;
    X29.974;
    Z-25.;
G3  X35.95 Z-45. R20.;
G01 Z-57. R3.;
    X45.;
N20 G0 X60. Z5.;
G0 X80. Z100. M5 M9;
T0505;
G0 X35. Z-20. S300 M3 M8;
G1 X21. F0.1;
   X35.;
   Z-19.;
```

```
    X20.85;
    Z-20.;
    X35.;
G0 X80. Z100. M05 M09;
T0707;
G0 X30. Z5. S720 M3 M8;
G76 P021260 Q100  R100;
G76 X22.05 Z-17. R0 P845 Q200 F1.5;
G28 X100. Z100. M5 M9;
M30;
```

1. 掌握一般轴类零件的程序编制；
2. 能正确完成二次装夹零件的加工，并保证零件的尺寸精度；
3. 熟练掌握一般轴类零件加工所用的刀具的选择方法。

任务 7–5　零件综合加工训练五

一、分析零件图样

零件图样如图 7–10 所示，评分表如表 7–11 所示。坯料尺寸为 ϕ55 mm，长 105 mm。

加工该零件时一般先加工零件左端，后掉头（一夹一顶）加工零件右端。加工零件左端时，编程零点设置在零件左端面的轴心线上，程序名为 EX7501.MPF 或 O7501，加工零件右端时，编程零点设置在零件右端面的轴心线上，程序名为 EX7502.MPF 或 O7502。由于 *R*30 圆弧的凸起，故 SIEMENS 802S 系统不能用 LCYC95 指令加工，只有在 802D 系统中才能用 LCYC95，FANUC 0i 系统不能用 G71 指令加工，只能用 G73。

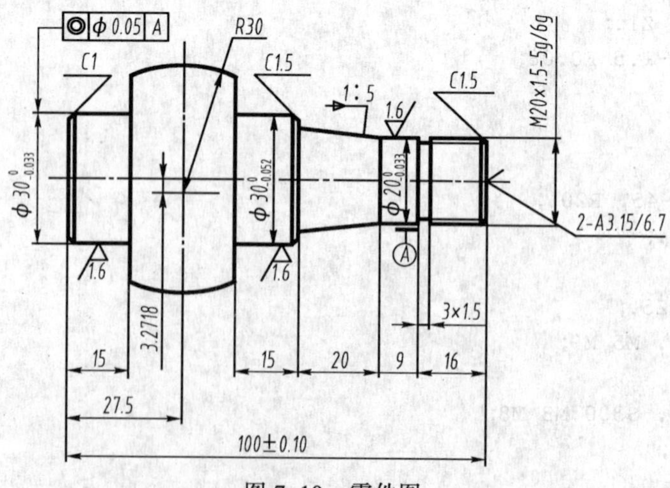

图 7–10　零件图

表 7-11　数控车削考核评分表

工件编号					总得分		
配分比例	项目	序号	技术要求	配分	评分标准	检测记录	得分
工件评分（70%）	外圆	1	$\phi30^{\ 0}_{-0.052}$　*Ra* 1.6	6/4	超差 0.01 扣 3 分，降级无分		
		2	$\phi30^{\ 0}_{-0.033}$　*Ra* 1.6	6/4	超差 0.01 扣 3 分，降级无分		
		3	$\phi20^{\ 0}_{-0.033}$　*Ra* 3.2	6/4	超差 0.01 扣 3 分，降级无分		
	锥度	4	1∶5　*Ra* 3.2	4/4	超差，降级无分		
	圆弧	5	*R*30　*Ra* 3.2	4/4	超差，降级无分		
	螺纹	6	M20 × 1.5–5g/6　大径	4	超差无分		
		7	M20 × 1.5–5g/6g　中径	6	超差无分		
		8	M20 × 1.5–5g/6g 两侧 *Ra* 3.2	6	降级无分		
		9	M20 × 1.5–5g/6g 牙形角	4	不符无分		
	沟槽	10	3 × 1.5　两侧 *Ra* 3.2	2/2	超差，降级无分		
	长度	11	100 ± 0.10　两侧 *Ra* 3.2	2/2	超差，降级无分		
		12	27.5	4	超差无分		
		13	20	4	超差无分		
		14	16	4	超差无分		
		15	2–15	4	超差无分		
		16	9	4	超差无分		
	其他	17	1 × 45°	2	不符无分		
		18	1.5 × 45°	2	不符无分		
		19	未注倒角	2	不符无分		
程序与机床操作（30%）	程序	20	程序规范、合理、正确	20	不规范每次扣 2 分		
	操作	21	工件及刀具安装正确，机床操作规范	10	不规范每次扣 3 分		
其他	安全	22	安全文明操作	倒扣	不规范每次扣 3 分		
		23	现场整理				

二、分析加工工艺（见表 7-12）

表 7-12　数控加工工艺卡

（厂名）	数控加工工艺卡片		产品代号		零件名称	零件图号
工艺序号	程序编号	夹具名称	夹具编号		使用设备	车间
	数控加工工艺卡片					
工步号	工作内容（加工面）	刀具号	刀具规格	主轴转速/（r/min）	进给速度/（mm/r）	背吃刀量/mm
1	（零件左端加工步骤）夹零件毛坯，伸出卡盘长度 20 mm					

续表

（厂名）	数控加工工艺卡片		产品代号	零件名称		零件图号
工艺序号	程序编号	夹具名称	夹具编号	使用设备		车间
	数控加工工艺卡片					
2	车端面	T1	端面车刀	450	0.1	0.5
3	粗加工零件左端轮廓至尺寸要求	T2	外圆粗车刀	600	0.3	1.5
4	精加工零件左端轮廓至尺寸要求	T4	外圆精车刀	1 200	0.08	0.25
5	回换刀点，程序结束					
6	中心孔加工（略）		ϕ30A 型			
7	（零件右端加工步骤）车右端面 中心孔加工（略）					
8	夹 ϕ30 外圆（一夹一顶）					
9	粗加工右端轮廓至 *R*30 圆弧（注：*R*30 圆弧处加工时为一外圆）	T2	外圆粗车刀	600	0.3	1.5
10	加工 *R*30 圆弧处（注：子程序编程）	T3	外圆粗车刀 副偏角≥30°	650	0.1	0.25
11	精加工右端轮廓至尺寸要求	T4	外圆精车刀	1 200	0.08	2
12	切槽 3×1.5 至尺寸要求	T6	切槽刀	300	0.1	1.5
13	粗、精加工螺纹至尺寸要求	T5	螺纹车刀	720	1.5	
14	回换刀点，程序结束					
编制		审核		批准		共__页 第__页

注：① 一夹一顶或二顶尖装夹零件时，注意换刀点位置，车刀不发生碰撞现象；

② 合理选择装夹位置，保证加工精度。

三、编写加工程序

1．按 SIEMENS 802S 系统编写加工程序

```
EX7501.MPF                                    加工零件左端面程序
N05 G90 G95 G00 X80 Z100 T1D1 S450 M03        换刀点、端面车刀
N10 G00 X45 Z0 M8
N15 G01 X-0.5 F0.1
N20 G01 Z5 M9
N25 G00 X80 Z100 M5
N30 M00                                       程序暂停
N35 T2D1 S600 M03 M08                         外圆粗车刀
N40 G0 X70 Z10
_CNAME= "L01"
R105=1  R106=0.25  R108=1.5                   调用坯料切削循环粗加工
R109=0  R110=2     R111=0.3
R112=0.08
```

```
N45 LCYC95
N50 G00 X80 Z100 M05 M09
N55 M00                                  程序暂停
N60 T4D1 S1200 M03 M08                   外圆精车刀
N65 R105=5                               设置坯料切削循环参数
N70 LCYC95
N75 G00 X150 Z200 M05 M09
N80 M02                                  程序结束
EX7502.MPF                               加工零件右端面程序
N05 G90 G95 T2D1 S600 M03 M08            外圆粗车刀
N10 G00 X100 Z5
_CNAME= “L02”
R105=1 R106=0.25 R108=1.5                设置坯料切削循环参数
R109=0 R110=2  R111=0.3
R112=0.08
N15 LCYC95                               调用坯料切削循环粗加工
N20 G00 X150 Z5 M05 M09
N25 M00                                  程序暂停
N30 T3D1 S650 M03 M08                    外圆粗车刀（副偏角≥30°）
N35 G00 X53.9564 Z-60                    X值为：2×（30-3.2718）+0.5余量
N35 L03P3                                L03子程序循环3次
N40 G90 G00 X150 Z5 M05 M09
N45 M00
N50 T4D1 S1200 M03 M08                   外圆精车刀（副偏角≥30°）
N55 G00 X15 Z1
N65 G01 X19.85 Z-1.5  F0.08
N70 G01 Z-16
N75 G01 X19.984
N80 G01 Z-25
N85 G01 X23.984 Z-45
N90 G01 X27
N95 G01 X29.974 Z-46.5
N100 G01 Z-60
N105 G01 X47.999
N110 G03 X47.999 Z-85 CR=30
N115 G00 X80
N120 G00 Z100 M05 M09
N125 M00
N130 T6D1 S300 M03 M08                   切槽刀，槽宽3 mm
N135 G00 X22 Z-16
N140 G01 X17 F0.1
N145 G04 F1
```

```
N150 G0 X80
N155    Z200
N160 T5D1  S720  M03 M08                          三角形螺纹车刀(60°)
N165 G0 X30 Z10
    R100=19.85  R101=0    R102=19.85               设置螺纹切削循环参数
    R103=-3     R104=1.5  R105=1
    R106=0.1    R109=5    R110=1.5
    R111=0.93   R112=0    R113=3
    R114=1
LCYC97                                            调用螺纹切削循环
N170 G00 X150 Z5 M05 M09
N175 M02                                          程序结束

L01.SPF                                           子程序一
N05 G01 X26 Z1
N10 G01 X29.984 Z-1
N15 G01 Z-15
N20 G01 X60
N25 RET                                           子程序结束

L02.SPF                                           子程序二
N05 G00 X15 Z1
N10 G01 X19.85 Z-1.5
N15 G01 Z-16
N20 G01 X19.984
N25 G01 Z-25
N30 G01 X23.984 Z-45
N35 G01 X27
N40 G01 X29.974 Z-46.5
N45 G01 Z-60
N50 G01 X54
N55 G01 Z-86
N60 G01 X60
N65 RET                                           子程序结束

L03.SPF                                           子程序三
N05 G91 G01 X-1.81 F0.1                           采用增量方式编程
N10 G03 X0  Z-25 CR=30
N15 G01 X8
N20 G00 Z25
N25 G01 X-8
N30 RET                                           子程序结束
```

2. 按 FANUC 0i—TA 系统编写加工程序

```
O7501                                    加工左端零件程序
G99 G40 G21 ;                            程序初始化
S600 M3 M5 M8 T0202;
G0 X70. Z5.;
G71 U2. R1.;
G71 P10 Q20 U0.3 W0.15 F0.3;
N10 G0 X26. Z1.;
G1 X29.984 Z-1. F0.08;
  Z-15.;
N20   X55.;
G0 X80. Z100. M5 M9;
T0404;
G0 X70. Z5. S1200 M3 M8;
G70 P10 Q20;
G28 X100. Z100. M5 M9;
M30;

O7502                                    加工右端零件程序
G99 G40 G21 ;                            程序初始化
S600 M3 M5 M8 T0303;
G0 X70. Z10. ;
G73 U10. W0 R5;
G73 P10 Q20 U0.3 W0.15 F0.3;
G0 X15. Z1.;
G1 X19.85 Z-1.5 F0.08;
  Z-16.;
  X19.984;
  Z-25.;
  X23.984 Z-45.;
  X27.;
  X29.974 Z-46.5;
  Z-60.;
  X47.999;
G3 X47.999 Z-85. R30.;
G1 X55.;
N20 G0 X70. Z10;
G0 X80. Z100. M5 M9;
T0404;
G0 X70. Z10. S1200 M3 M8;
G70 P10 Q20;
```

```
G00 X80. Z100. M05 M09;
M00;
T0606 S300 M03 M08;                         切槽刀，槽宽 3 mm
G0 X22. Z-16.;
G1 X17. F0.1;
G04 X1;
G0 X80.;
   Z200. M5 M9;
T0505;
G0 X30. Z10. S720 M3 M8;
G76 P021260 Q100  R100;
G76 X18.05 Z-17.5 R0 P975 Q200 F1.5;
G28 X100. Z100. M5 M9;
M30;
```

1．能根据零件图正确编制加工程序；

2．能保证尺寸精度、表面粗糙度和几何公差。

思考与练习

7-1　拟定图 7-11 所示零件的加工工艺方案，选择刀具并编制加工程序。

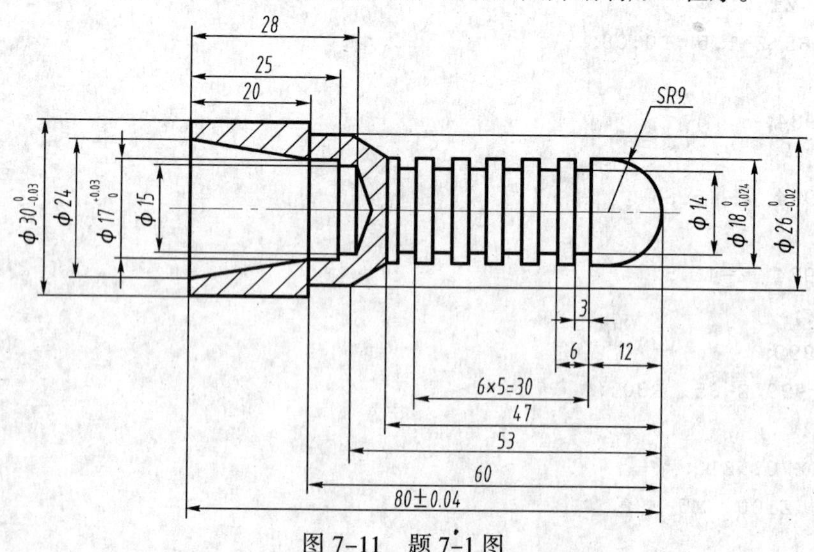

图 7-11　题 7-1 图

7-2　拟定图 7-12 所示零件的加工工艺方案，选择刀具并编制加工程序。

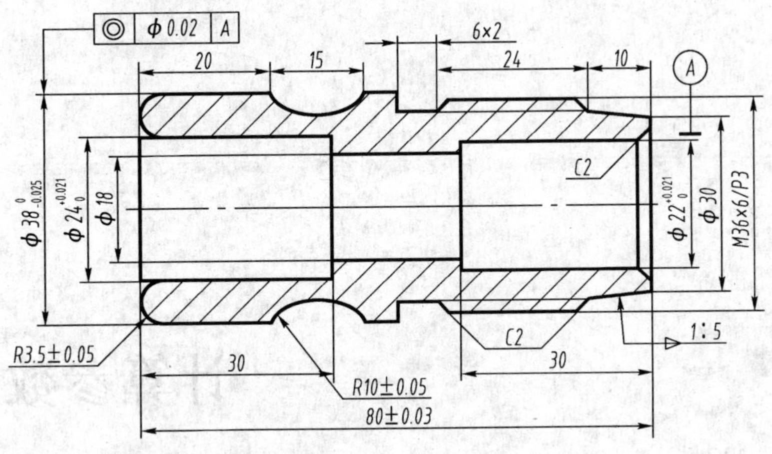

◎ φ0.02 A
20
15
6×2
24
10
A
C2
φ38 0 -0.025
φ24 +0.021 0
φ18
φ22 +0.021 0
φ30
M36×6/P3
R3.5±0.05
30
R10±0.05
80±0.03
C2
30
1:5

图 7-12　题 7-2 图

项目八
计算参数及应用

数控加工程序中的程序字一般是由字母和两位数字组成，在程序中必须给每个程序字的数值部分赋予确定的值才能完全确定程序的功能及刀具的动作路径。这种通过给定字母和数字的编程方法一般只适合于加工规则的直线和圆弧零件轮廓，如果加工对象的轮廓是其他曲线（比如加工椭圆、抛物线的零件），则需要根据曲线拟合的数学模型，使用数控系统提供的计算参数和程序跳转指令或宏指令对这些变量进行赋值、运算等处理，从而编制出各种曲线的数控加工程序。

学习编程指令

（一）SIENENS 802S 系统编程指令

1. 计算参数 R 的一般说明

（1）计算参数的地址范围

系统使用字母 R 后跟数字来表示变量地址号，如 R10、R199 等。一共有 250 个计算参数可供使用，用户可以自由使用的参数地址号为 R0～R99，另有 R100～R249 常用于系统定义的固定循环的传递参数，因此不推荐初学者使用。

（2）计算参数的赋值

在使用计算参数编程时，往往需要首先给某些参数变量（作为已知存在）赋值，比如将-20.88 赋值给 R70（R70=-20.88）。

（3）使用计算参数对除 N、G、L 以外的地址字赋值

例如：
```
N10  R1=100
N20  G1 X=R1 F0.2
```
上两段程序相当于执行“G1 X100　F0.2”。

（4）数学运算符

程序中，可以使用下列数学运算符和函数对计算参数进行运算。

① 数学运算符：“+”“-”“*”“/”“( )”。

② 数学函数表达式（见表 8-1）。

表 8-1　数学函数表达式

函数地址	含　义	示　例	备　注
SIN()	正 弦	R1=SIN(30)	单位为（°）
COS()	余 弦	R2=COS(R3)	单位为（°）
TAN()	正 切	R4=TAN(R5)	单位为（°）
SQRT()	平方根	R6=SQRT(R7)	
ABS()	绝对值	R8=ABS(R9)	
TRUN()	整 取	R10=TRUNC(R11)	

③ 数学函数的优先级：计算参数的数学运算遵循通常的数学规则为圆括号内的运算优先进行，乘法和除法运算优先于加法和减法运算。

④ 数学运算的编程示例：

```
N10 R1=R1+1;                              由原来的 R1 加上 1 后得到新的 R1
N20 R1=R2=R3 R4=R5-R6 R7=R8*R9  R10=R11/R12;
N30 R13=SIN（25.3）;                       R13 等于 25.3° 的正弦植
N40 R14=R1*R2+R3;                         乘法和除法运算优先于加法和减法运算，
                                          执行相当于执行 R14=（R1*R2）+R3;
N50 R14=R3+R2*R1;                         与 N40 一样
N60 R15=SQRT(R1*R1+R2*R2);                R15=√(R12+R22)
```

2．程序跳转语句及其应用

（1）跳转标记符——程序跳转目标

① 功能

标记符用于标记程序中所跳转的目标程序段，用跳转功能可以实现程序运行分支。

② 说明

标记符可以自由选取，但必须由 2～8 个字母或数字组成，其中开头两个符号必须是字母或下画线。

跳转目标程序段中标记符后面必须为冒号，标记符应位于程序段段首，如果程序段有行号，则标记符紧跟着行号。

在一个程序段中，标记符不能含有其他意义。

③ 编程举例

```
N10 MARKE1: G1 X20;                MARKE1 为标记符，跳转目标程序段有行号
…
TR789: CO X1O Z20;                 TR789 为标记符，跳转目标程序段段没有行号
```

（2）绝对跳转

① 功能

数控程序运行时按导入的顺序依次执行程序段，但也可以通过插入跳转指令改变其执行顺序，跳转目标只能是有标记符的程序段，且此程序段必须位于该程序内。绝对跳转指令必须占用一个独立的程序段。

② 功能字

GOTOF——向前跳转（向程序结束的方向跳转）;

GOTOB——向后跳转（向程序开始的方向跳转）。

③ 编程举例

```
…
GOTOF  MMX1;
…
N90  MMX1:  GO X100Z150;          MMX1 即为跳转标记符
…
```

（3）有条件跳转

① 功能

用 IF 条件语句表示有条件跳转。如果满足跳转条件（也就是条件表达式的真值不等于零），则进行跳转，跳转目标只能是有标记符的程序段，且该程序段必须在此程序之内。

有条件跳转指令要求一个独立的程序段。在一个程序中可以出现多个条件跳转指令。

使用了条件跳转指令后，会使程序得到明显的简化。

② 编程格式

```
IF 条件 GOTOF  Lable          向前跳转
IF 条件 GOTOB  Lable          向后跳转
```

③ 比较运算符

比较运算符如表 8-2 所示。

表 8-2　比较运算符

运　算　符	意　　义	运　算　符	意　　义
=	等于	<	小于
<>	不等于	>=	大于或等于
>	大于	<=	小于或等于

上述比较运算表示跳转条件。计算表达式也可以用于比较运算中。

比较运算的结果有两种：一种为“满足”；另一种为“不满足”。“不满足”时，该运算结果值为零。

比较运算编程结果值举例：

```
R1>1                     R1 大于 1
1<R1                     1 小于 R1
R6>=SIN(R7*R7)           R6 大于或等于 SIN (R7²)
```

编程举例：

```
N10  IF R1 GOTOF MARKE2             R1 不等于零时，跳转到 MARKE1 程序段
N15  IF R1>1 GOTOF MARKE2           R1 大于 1 时，跳转到 MARKE2 程序段
N20  IF R45 =R7+1 GOTOB MARKE3      R1 等于 R 加 1 时，跳转到 MARKE3 程序段
```

④ 一个程序段中有多个跳转条件：

```
N20 IF R1= 1 GOTOB MA1  IF R1 = 2 GOTOF MA2…
```

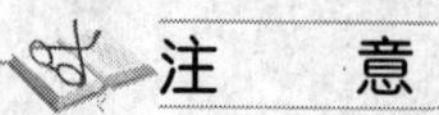

注　意

第一个条件实现后就进行跳转。

3．计算参数编程制非圆数学曲线的原理

当采用不具备非圆曲线插补功能的数控系统编制加工非圆曲线轮廓的零件时，往往采用短直线或圆弧去近似替代非圆曲线，这种处理方式称为拟合处理。拟合线段中的交点或切点称为节点。

非圆曲线拟合的方法很多，主要包括等步距法、等误差法等。其中等步距法短直线拟合由于数学算法和程序编制都比较简单，因此应用比较广泛。

非圆曲线的拟合实质是将曲线离散后，用短直线或圆弧替代，因此必然存在一定的拟合误差。从图 8-1 中可以看出，对于等步距法短直线拟合，减少步距可以提高拟合精度。此外，将直线拟合用圆弧来替代也可以提高拟合精度。

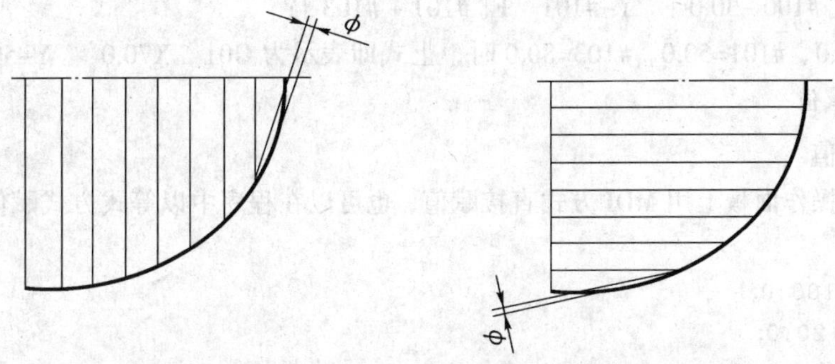

图 8-1　非圆曲线等步距短直线拟合（ ϕ 为最大拟合误差）

（二）FANUC 0i 系统编程指令

用户宏程序是 FANUC 数控系统及类似产品中的特殊编程功能。用户宏程序的实质与子程式相似，它也是把一组实现某种功能的指令，以子程式的形式预先存储在系统存储器中，通过宏程序用指令执行这一功能。在主程序中，只要编入相应的调用指令就能实现这些功能。

宏程序与普通程序相比较，普通程序的程序字为常量，一个程序只能描述一个几何形状，所以缺乏灵活性和适用性。而在用户宏程序的本体中，可以使用变量进行编程，还可以用宏指令对这些变量进行赋值、运算等处理。通过使用宏程序能执行一些有规律变化（如非圆二次曲线轮廓）的动作。

用户宏程序分为 A、B 两种。一般情况下，在一些较老的 FANUC 系统（如 FANUC OTD 系统）中采用 A 类宏程序，而在较为先进的系统（如 FANUC 0i 系统）中则采用 B 类宏程序。本书以 B 类宏程序进行介绍。

1．变量

（1）变量的表示

一个变量由符号“#”和变量序号组成，如#I（I=1，2，3，…），此外还可以用表达式进行表示，但其表达式必须全部写入“[]”中。

例　# [#1 + #2 +10]

当#1=10，#2=100 时，该量表示#120。

（2）有关变量的说明

① 宏程序中，方括号用于封闭表达式，圆括号只表示注释内容，使用变量时必须注意，FANUC 系统通过参数来切换圆括号和方括号。

② 表达式可以表示变量号和变量。这两者并不一样，例如：X#［#1 + #2］并不等于 X［#1 + #2］。

③ 当在程序中定义变量时，小数点可以省略。例如：当定义#1=123；变量#1 的实际值是 123.00。

④ 被引用变量的值根据地址的最小设定单位自动舍入。例如：当 G1 X #1，以 0.001 mm（由数控机床的最小脉冲当量决定）的单位执行时，CNC 把 12.342 5 赋给变量#1，实际指令值为 G1X12.343。

⑤ 改变引用的变量值的符号，要把负号放在“#”的前面。例如：G0 X–#1。

（3）变量的引用

引用变量也可以采用表达式。

例：G01 X［#100 –30.0］ Y–#101 F［#101 + #103］;

当#100=100.0、#101=50.0、#103=80.0 时，上式即表示为 G01 X70.0 Y–50.0 F130。

2．变量的赋值

（1）直接赋值

变量可以在操作面板上用 MDI 方式直接赋值，也可以在程序中以等式方式赋值，但等号左边不能用表达式。

例
```
#100=100.0;
#100=30.0+20.0;
```

（2）引数赋值

宏程序的调用有两种形式：一种与程序调用方法相同，即用 M98 进行调用；另一种用指令 G65 进行调用，如下所示：

例
```
G65 P1000 X100.0 Y30.0 Z20.0 F100.0;
```
G65：调用宏程序指令，该指令必须写在句首。

P1000：宏程序的子程序号为 O1000。

该处的 X、Y、Z 不代表坐标字，F 也不代表进给字，而是对应宏程序中的变量号，变量的具体数值由引数后的数值决定。引数宏程序体中的变量对应关系有两种，如表 8–3 及表 8–4 所示，这两种方法可以混用，其中 G、L、N、O、P 不能为引数代替变量赋值。

表 8–3 变量赋值方法Ⅰ

引 数	变 量	引 数	变 量	引 数	变 量	引 数	变 量
A	#1	I3	#10	I6	#19	I9	#28
B	#2	J3	#11	J6	#20	J9	#29
C	#3	K3	#12	K6	#21	K9	#30
I1	#4	I4	#13	I7	#22	I10	#31
J1	#5	J4	#14	J7	#23	J10	#32
K1	#6	K4	#15	K7	#24	K10	#33
I2	#7	I5	#16	I8	#25		
J2	#8	J5	#17	J8	#26		
K2	#9	K5	#18	K8	#27		

表 8-4　变量赋值方法Ⅱ

引　数	变　量	引　数	变　量	引　数	变　量	引　数	变　量
A	#1	H	#11	R	#18	X	#24
B	#2	I	#4	S	#19	Y	#25
C	#3	J	#5	T	#20	Z	#26
D	#4	K	#6	U	#21		
E	#5	M	#13	V	#22		
F	#6	Q	#17	W	#23		

变量赋值方法Ⅰ

```
G65  P0030  A50.0  I40.0  J100.0  K0  I20.0  J10.0  K40.0;
```

经赋值后#1=50.0，#4=40.0，#5=100.0，#6=0，#7=20.0，#8=10.0，#9=40.0。

变量赋值方法Ⅱ

```
G65  P0020  A50.0  X=40.0  F100.0;
```

经赋值后#1=50.0，#24=40.0，#9=100.0。

变量赋值方法Ⅰ和Ⅱ混合使用

```
G65  P0030  A50.0  D40.0  I100.0  K0  I20.0;
```

经赋值后 120.0 与 D40.0 同时分配给变量#7，则后一个#7 有效，所以变量#7=20.0，其余同上。

例：精加工图 8-2 所示零件，程序如下：

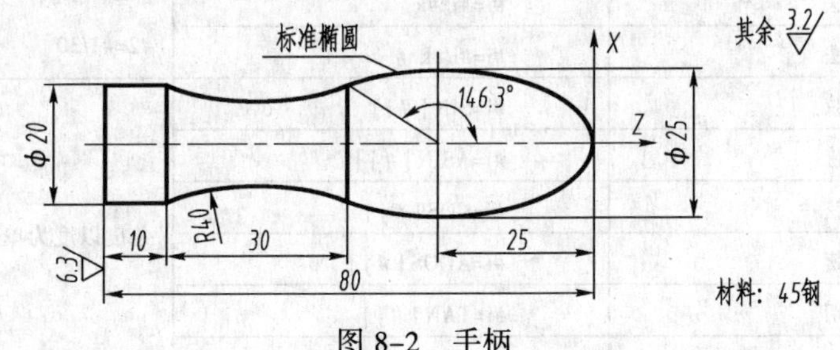

图 8-2　手柄

```
O0081;                                  主程序
G99 G40 G21 ;                           程序初始化
T0101;                                  转菱形刀片外圆车刀
G0 X0 Z5. S1200 M3;                     宏程序起点
G65  P0082  A12.5 B25. C0  D146.3  F0.1;     调用精加工宏程序，加工椭圆
                                        赋值后，X 向半轴长#1=12.5，Z 轴向半轴长#2=25.0，角
                                        度起始角#3=0，角度终止角#7=146.3，进给速速#9=100
G2 X20. Z-70. R40.;
G1 Z-85.;
G0 X100. Z100.;
M30;
O0082;                                  子程序
```

```
N200 #4 =#1*sin[#3];              采用极坐标编程，#4 为 X 向向量
#5=#2*cos[#3];                    采用极坐标编程，#5 为 Z 向向量
#6=#4*2;                          直径编程，径向为 2 倍的#4 变量
#8=#5-#2;                         坐标转换，Z 向为#5-25
G01 X#6 Z#8 F#9;                  直线插补拟合
#3=#3+0.01;                       角度增量为 0.01°
IF[#3 LE #7] GOTO 200;            条件判断，极角 a≤146.3° 时转 M99;
                                  移到 N200 执行循环，否则循环结束
```

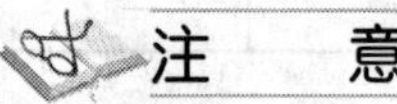

注　意

LE 的含义如表 8-6 所示。

3. 变量的运算

（1）算术、逻辑运算和运算符（见表 8-5）

表 8-5　变量的各种运算

功　能	格　式	备注与示例
定义、转换	#i=#j	#20=#1，#20=100.0
加　法	#i=#j+#k	#1=#2+#3 #2=10.0-#1 #2=#1 * #3 #2=#1/30
减　法	#i=#j-#k	
乘　法	#i=#j*#k	
除　法	#i=#i/#k	
正　弦	#i=SIN [# j]	角度以度为单位
反正弦	#i=ASIN [# j]	
余　弦	#i=COS [# j]	
反余弦	#i=ACOS [# j]	
正　切	#i=TAN [# j]	
反正切	#i=ATAN [# j]/ [# k]	
平方根	#i=SQRT [# j]	#100=SQRT[# 1*#1-100]
绝对值	#i=ABS [# j]	
舍　入	#i=ROUND [# j]	
上取整	#i=FUP [# j]	
下取整	#i=FIX [# j]	
自然对数	#i=LN [# j]	
指数函数	#i=EXP [# j]	
或	#i= # j OR # k	逻辑运算一位一位地按二进制数执行
异　或	#i= # j XOR # k	
与	#i= # j AND # k	

（2）关于运算符的说明

① 角度单位：函数 SIN、COS、ASIN、ACOS、TAN 和 ATAN 的角度单位是度（°）。

② 上取整和下取整：CNC 处理数值运算时，若操作后产生的整数绝对值大于原数的绝对值时为上取整；若小于原数的绝对值为下取整。对于负数的处理应小心。

例如：假定#1=1.2，并且#2=-1.2。

当执行#3=FUP[# 1]时，2. 0 赋给#3。

当执行#3=FIX[# 1]时，1. 0 赋给#3。

当执行#3=FUP[# 2]时，-2. 0 赋给#3。

当执行#3=FIX[# 2]时，-1. 0 赋给#3。

③ 运算符的优先级

按照优先的先后顺序依次是函数——乘和除运算（*、/、AND、MOD）——加和减运算（+、-、OR、XOR）。

4．控制指令

控制指令起到控制程序流向的作用。

（1）分支语句

格式一　GOTO　n;

例：GOTO 1 000 ;

该例为无条件转移。当执行该程序段时，将无条件转移到 N1000 程序段执行。

格式二　IF [条件表达式] GOTO n;

例：IF[#1 GT #100]　GOTO　1000;

该例为有条件转移语句。如果条件成立，则转移到 N1000 程序段执行；如果条件不成立，则执行下一程序段。条件表达式的种类如表 8-6 所示。

（2）环指令

WHILE　[条件表达式]　DO m（m=1，2，3，…）;

…

END m;

当条件满足时，就循环执行 WHILE 与 END 之间的程序段 *m* 次；当条件不满时，就执行 END m 的下一个程序段。

表 8-5　条件表达式

条　件	意　义	示　例
#i EQ #j	等于（=）	IF [#5 EQ #6] GOTO 100
#i NE #j	不等于（≠）	IF [#5 NE 50] GOTO 100
#i GT #j	大于（>）	IF [#5 GT #6] GOTO 100
#i GE #j	大于等于（≥）	IF [#5 GE 50] GOTO 100
#i LT #j	小于（<）	IF [#5 LT #6] GOTO 100
#i LE #j	小于等于（≤）	IF [#5 LE 50] GOTO 100

任务 8-1　SIENENS 802S 系统的 R 参数编程

一、分析零件图样（见图 8-3）

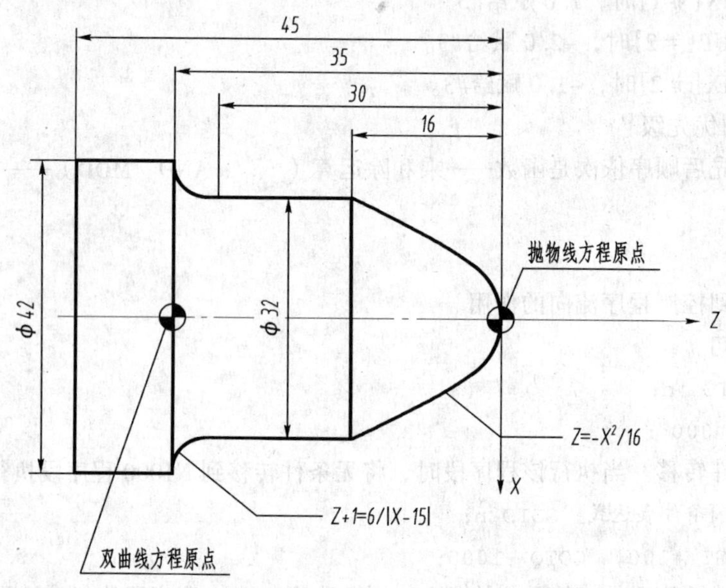

图 8-3　零件图

该零件轮廓由抛物线、圆柱面、双曲面组成，从零件右端向左端径向尺寸呈递增的规律，所以可以利用子程序来描述抛物线和双曲线零件轮廓，通过主程序中的 LCYC95 指令来调用子程序进行加工。值得注意是抛物线方程原点与编程的坐标原点重合，双曲线方程原点与编程的坐标原点不重合。

二、分析加工工艺（见表 8-7）

表 8-7　数控加工工艺卡

（厂名）	数控加工工艺卡片	产品代号		零件名称		零件图号
工艺序号	程序编号	夹具名称	夹具编号	使用设备		车间
	数控加工工艺卡片					
工步号	工作内容（加工面）	刀具号	刀具规格	主轴转速/（r/min）	进给速度/（mm/r）	背吃刀量/mm
1	夹零件毛坯，伸出卡盘长度 55 mm					
2	手动加工右端面（含 Z 向对刀）	T1	端面车刀	450	0.1	0.5
3	粗加工零件外形轮廓至尺寸要求	T2	外圆粗车刀	450	0.3	1.5
4	精加工零件外形轮廓至尺寸要求	T3	外圆精车刀	1200	0.15	0.25

三、编写加工程序

如图 8-3 零件所示，可采取 X 向或 Z 向等距离散的方式，根据精度要求，将图中抛物线面和双曲面 X 轴或 Z 轴的步距均设定为 0.05 mm。通过选择 X 轴或 Z 轴的步距，将抛物面、双曲面分为若干线段后，利用其数学方程式分别计算轮廓上各点的 Z 坐标或 X 坐标，（对抛物面）直到 Z=−16 或 X=16，（对双曲面）Z=−35 或 X=21 时，结束相应轮廓的加工。

```
EX8101.MPF
N05 G90 G95 T2D1 S450 M3 M8            T1D1 为 75° 外圆粗车刀
N10 G0 X60 Z20                         快速点定位
_CNAME= "L01" 或_CNAME= "L02"          分别采用 X 轴、Z 轴等步距编子程序
R105=1  R106=0.25  R108=1.5            调用坯料切削循环粗加工
R109=0  R110=1     R111=0.3
R112=0.15
N15 LCYC95
N20 G0 X80 Z100 M5 M9
N50 M0                                 程序暂停
N55 T3D1 S1200 M3 M8                   外圆精车刀
N60 R105=5                             设置坯料切削循环参数
N65 LCYC95
N70 G00 X150 Z5 M5 M9
N85 M2

L01.SPF                                X 轴等步距法——子程序
N05 G0 X0 Z1
N10 G1 Z0                              加工抛物线轮廓曲线程序
N15 R1=0                               参数赋值，R1 为 X 坐标条件自变量
N20 R2= -R1*R1/16                      R2 为 Z 坐标计算应变量
MA1: G1 X=2*R1 Z=R2                    由于是直径编程，故 X 等于 2 倍 R1
N25 R1=R1+0.05                         R1 被定义为自变量，故以 0.05 的步距增加
N30 IF R1<=16 GOTOB MA1                抛物线加工条件跳转
N35 G1  Z-30                           加工 φ32 的圆柱面
N40 R8=16                              开始加工双曲线轮廓，R8 为 X 坐标条件自变量
N45 R9=6/(R8-15)-1                     R9 为 Z 坐标计算应变量
MA2:  G1 X=2*R8  Z=R9-35               双曲线起点 Z 坐标通过坐标转换在编程坐标系中
                                       应该为 R9 ~ 35，负值

N50 R8=R8+0.05
N55 IF R8 <= 21  GOTOB MA2             双曲线终点 X 坐标最大值为 21，作为 X 向自变
                                       量的判断依据

N60 G1  Z-45
N65 RET
L02.SPF                                Z 轴等步距法——子程序
N05 G0 X0 Z1
N10 G1 Z0                              加工抛物线轮廓曲线程序
```


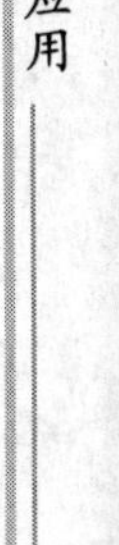

N15 R2=0	参数赋值，R2 为 Z 坐标条件自变量
N20 R1= 4*SQRT(-R2)	R1 为 X 坐标计算应变量，通过数学公式转换，且为正值
MA1: G1 X=2*R1 Z=R2	由于是直径编程，故 X 等于 2 倍 R1
N25 R2=R2-0.05	R2 被定义为自变量，故以 0.05 的步距递减，直到抛物线终点，Z=-16
N30 IF R2>=-16 GOTOB MA1	抛物线加工条件跳转
N35 G1 Z-30	加工 φ32 的圆柱面
N40 R9=5	开始加工双曲线轮廓，起始点在方程坐标系中的 Z 值为 35~30，即 5
N45 R8=6/(R9+1)+15	R8 为 X 坐标计算应变量，公式换算
MA2: G1 X=2*R8 Z=R9-35	双曲线起点 Z 坐标通过坐标转换在编程坐标系中应该为 R9~35，负值
N50 R9=R9-0.05	因 R9 为自变量，呈递减规律
N55 IF R9 >=0 GOTOB MA2	双曲线终点 Z 坐标在方程坐标系中为 0，作为 Z 向自变量的判断依据
N60 G1 Z-45	
N65 RET	

问题思考

R 参数编程中关键四步骤的顺序是先定义自变量，产生应变量，三程序执行（找出同一点在曲线方程坐标系和编程坐标系间的位置关系），四实现有条件跳转。

1. 程序跳转语句的格式及应用；
2. 计算参数编制非圆数学曲线的拟合原理；
3. 用程序跳转语句进行零件轮廓曲线（方程曲线原点与编程原点重合、不重合）；
4. 培养学生综合应用的能力。

任务 8-2　FANUC 0i 系统的宏程序编程

一、分析零件图样

如图 8-4 所示零件轮廓由内、外两部分组成，其中右端内表面形状是抛物线，且所钻孔的直径相对于抛物线型腔来说较小，不适合采用 G73 指令进行粗车循环，可先通过抛物线方程式计算出部分特征点的坐标值，利用 G71 指令进行粗加工，然后分别采用 G73、G70 指令进行半精加工、精加工，其中的关键就是描述内曲面的精加工程序——宏程序。零件左端可分别采用 G71、G70 指令进行粗、精加工编程（略）。

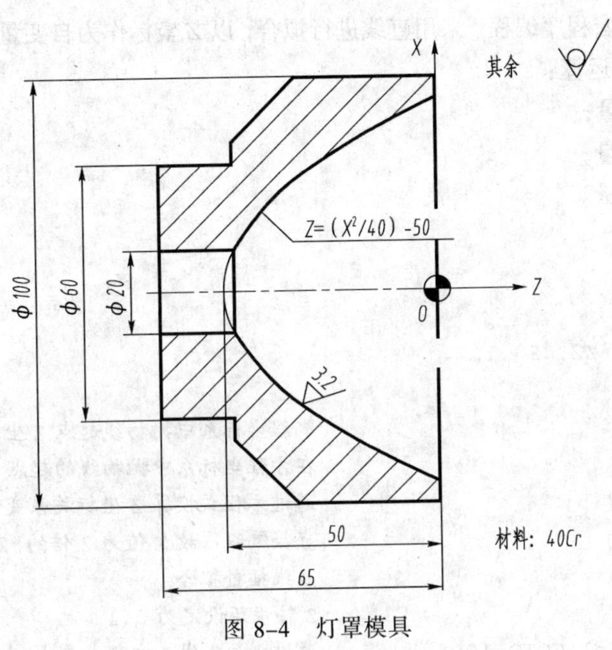

图 8-4　灯罩模具

二、分析加工工艺

本任务加工艺如表 8-8 所示。

表 8-8　数控加工工艺卡

（厂名）		数控加工工艺卡片		产品代号		零件名称		零件图号
工艺序号	程序编号	夹具名称		夹具编号		使用设备		车间
	数控加工工艺卡片							
工步号	工作内容（加工面）		刀具号	刀具规格	主轴转速/（r/min）	进给速度/（mm/r）	背吃刀量/mm	
1	夹零件毛坯，伸出卡盘长度 55 mm							
2	手动加工右端面（含 Z 向对刀）		T1	端面车刀	450	0.1	0.5	
3	用钻头手动钻孔至规定直径			ϕ20 钻头	300			
4	粗加工、半精加工零件内轮廓		T2	内孔镗刀粗车刀	450	0.3	1	
5	精加工零件内轮廓至尺寸要求		T3	内孔镗刀精车刀	800	0.15	0.25	
6	掉头装夹，车端面确保总长		T1	端面车刀	450	0.1	0.5	
7	粗加工左端外轮廓至规定要求		T4	外圆粗车刀	600	0.3	1.5	
8	精加工左端外轮廓至规定要求		T5	外圆精车刀	1 200	0.15	0.25	
9	回换刀点，程序结束							

三、编写加工程序

加工如图 8-4 所示零件，其中右端内孔型腔粗加工及左端外表面粗、精加工程序省略，这里主要介绍右端内腔精加工宏程序编程。采用直线进行拟合，以 Z 坐标作为自变量，X 坐标作为应变量。

使用以下变量进行运算：

#1——Z 坐标值变量；

#2——X 函数值变量；

#3——X 坐标值变量。

精加工宏程序如下：

```
O0083;
G99 G40 G21;
S600 M3 G0 X85. Z2. F0.1;
G0 X85. Z2.;
#1=0;                              编程坐标系中抛物线起点 Z 坐标为零
N100 #5=#1+50;                     在方程坐标系中抛物线的起点 Z 坐标为#1+50
#2=SQRT[ 200-40*# 5];              通过方程式换算 Z 坐标关系变量
#3= #2*2;                          直径编程，故 X 值为 2 倍的#2
G1 X#3  Z#1 ;                      直线插补拟合
#1=#1-0.1;                         Z 轴步距设定为 0.1
IF [ # 1 GE -47.5] GOTO 100;       通过 x=10 代入方程，算出 z=-47.5，作为抛物线终
                                   点判断的依据
G0 Z2.;
G0 X100.  Z100.;
M30;
```

注：G73 循环指令中精加工描述的开始至结束的循环程序段可以用宏程序编程，而 G71 指令则不能应用宏程序。

1. 了解 A 类宏程序和熟悉 B 类宏程序的格式；
2. 知道 B 类宏程序的赋值方法；
3. 能运用宏程序进行零件方程曲线轮廓的编程；
4. 培养学生综合应用的能力。

思考与练习

8-1　分别利用 SIEMENS 802S 系统和 FANUC 0i 系统对图 8-5 的椭圆部分的轮廓进行粗精加工编程（采用 LCYC95、G93 循环指令来分别调用精加工的 R 参数程序或宏程序）。

8-2　分别利用 SEMENS 802S 系统和 FANUC 0i 系统对图 8-6、图 8-7 所示抛物线配合组件进行正确编程。

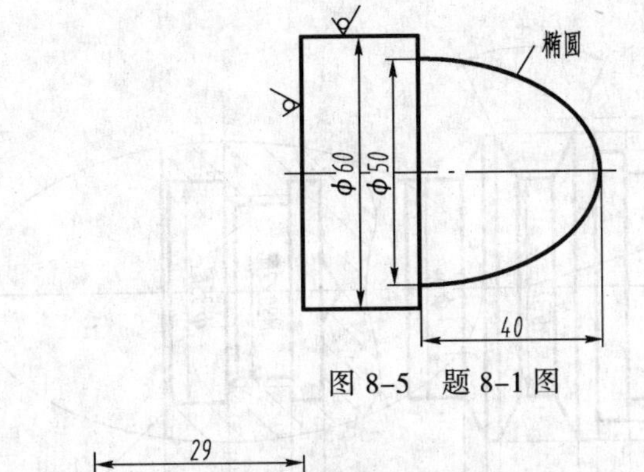

图 8-5　题 8-1 图

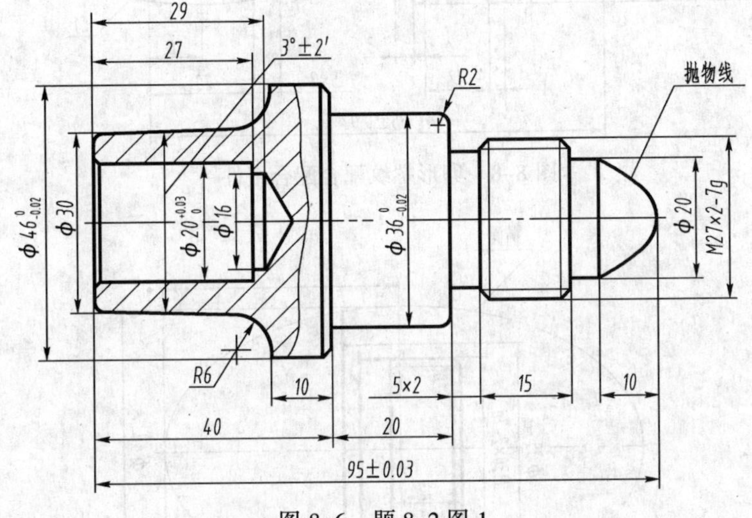

图 8-6　题 8-2 图 1

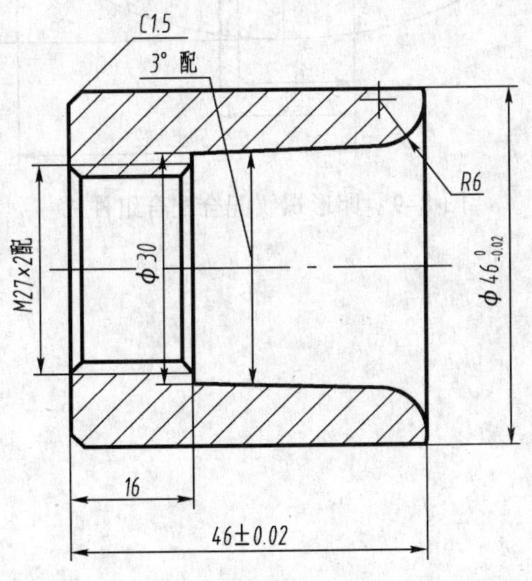

图 8-7　题 8-2 图 2

8-3　分别利用 SEMENS 802S 和 FANUC 0i 系统对图 8-8、图 8-9 所示卵形螺纹配合组件进行正确编程。

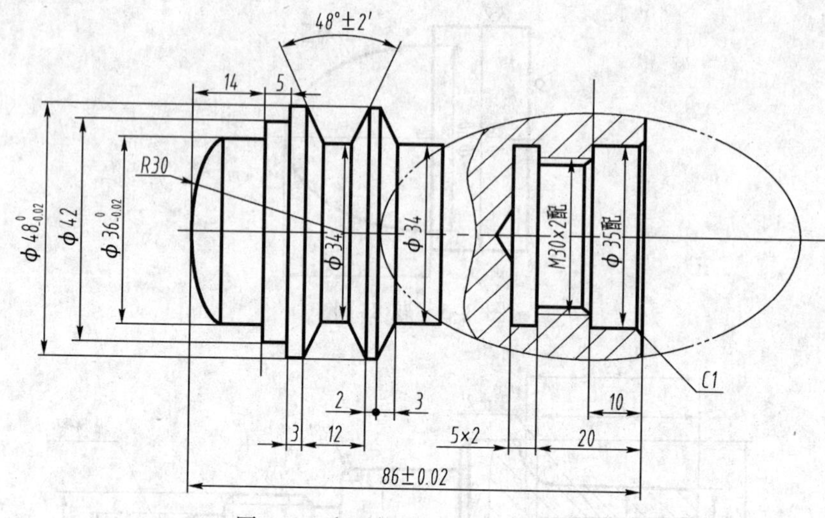

图 8-8　卵形螺纹配合配合组件一

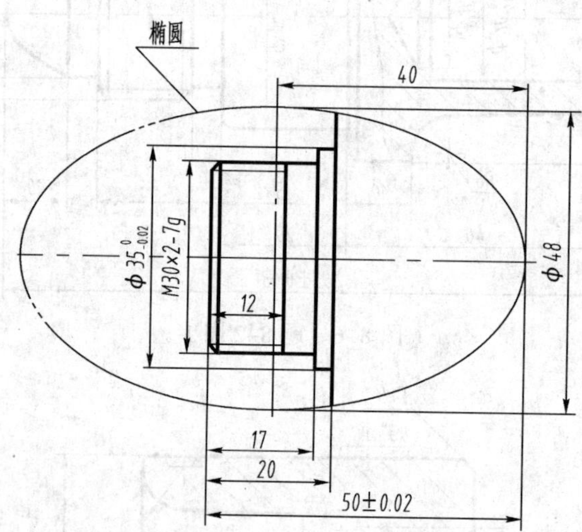

图 8-9　卵形螺纹配合配合组件二

附录A 西门802D与802C/S车床版指令系统对比分析

1. 西门子802D与802C/S车床版指令系统主要相同功能如附录A–1所示。

附录A–1 西门子802D与802C/S车床版指令系统主要相同功能表

指　　令	功 能 含 义	指　　令	功 能 含 义
G0	快速移动	G94	进给率 F，单位 mm/min
G1	直线插补	G95	主轴进给率 F，单位 mm/r
G2	顺时针圆弧插补	G96	恒定切削速度（精加工时用）
G3	逆时针圆弧插补	G97	删除恒定切削速度
G4	暂停时间	G450	圆弧过渡
G17	*X*/*Y* 平面选择（在加工中心孔时要求）	SIN(…)	正弦
G18	*X*/*Z* 平面选择	COS(…)	余弦
G25	主轴转速下限	TAN(…)	正切
G26	主轴转速上限	SQRT(…)	平方根
G33	等螺距的螺纹切削	ABS(…)	绝对值
G40	刀尖半径补偿方式的取消	TRUNC(…)	取整
G41	调用刀尖圆弧半径左补偿	M17/RET	子程序结束
G42	调用刀尖圆弧半径右补偿	CHF	倒角
G53	取消可设定零点偏置、段方式	RND	倒圆
G54	第一可设定零点偏置	SPOS	主轴定位
G55	第二可设定零点偏置	GOTOB	向上跳转指令
G56	第三可设定零点偏置	GOTOF	向下跳转指令
G57	第四可设定零点偏置	IF	跳转条件
G500	取消可设定零点偏置	F	进给速度
G70	英制尺寸	S	主轴转速

续表

指　令	功能含义	指　令	功能含义
G71	公制尺寸	T	刀具号
G74	回参考点	D	刀具补偿号
G75	回固定点	P	子程序调用次数
G90	绝对尺寸	L	子程序名及子程序调用
G91	增量尺寸	M…	辅助功能

2．西门子 802D 与 802C/S 车床版指令系统相当功能对照表如附录 A-2 所示。

附录 A-2　西门子 802D 与 802C/S 车床版指令系统相当功能对照表

系　统 功　能	西门子 802D	西门子 802C/S
	指令与编程	
中间点圆弧插补	CIPX__　Z__　I1__　K1__	G5 X__　Z__　IX=__　KZ=__
可编程零偏置	TRANS X__　Z__	G158 X__　Z__（半径偏移）
直径尺寸输入	DIAMON	G23
半径尺寸输入	DIAMOF	G22
钻孔沉孔循环	CYCLE82（RTP，RFP，SDIS，DP，DPR，DTB）	R101=__　R102=__　R103=__　R104=__ …LCYC82
深孔钻循环	CYCLE83（RTP，RFP，SDIS，DP，DPR，FDEP，FDPR，DAM，DTB，DTS，FRF，VARI）	R101=__　R102=__　R103=__　R104=__ …LCYC83
补偿攻丝循环	CYCLE840（RTP，RFP，SDIS，DP，DPR，DTB，SDR，SDAC，ENC，MPIT，PIT）	R101=__　R102=__　R103=__　R104=__ …LCYC840
精镗孔、铰孔循环	CYCLE85（RTP，RFP，SDIS，DP，DPR，DTB，FFR，RFF）	R101=__　R102=__　R103=__　R104=__ …LCYC85
凹槽循环	CYCLE93（SPD，DPL，WIDG，DIAG，STAL，ANG1，ANG2，RC01，RC02，RCI1，RCI2，FAL1，FAL2，IDEP，DTB，VARI）；柱面、端面和锥面割槽	R100=__　R101=__　R105=__　R106=__ …LCYC93； 柱面、端面割槽
退刀槽切削循环	CYCLE94（SPD，SPL，FORM）	R100=__　R101=__　R105=__　R107=__ …LCYC94
毛坯切削循环	CYCLE95（NPP，MID，FALZ，FALX，FAL，FF1，FF2，FF3，VARI，DT，DAM，__VRT）；能“根切”	__CNAME=“__” R105=__　R106=__　R108=__　R109=__ …LCYC95；不能“根切”
螺纹切削循环	CYCLE97（PIT，MPIT，SPL，FPL，DM1，DM2，APP，ROP，TDEP，FAL，IANG，NSP，NRC，NID，VARI，NUMT）； 可偏置单侧切削	R101=__　R102=__　R103=__　R104=__ …LCYC97； 中心对称双侧切削

3．西门子 802D 较 802C/S 车床版指令系统主要增加功能如附录 A–3 所示。

附录 A–3　西门子 802D 与 802C/S 车床版主要新增功能表

指　令	功能含义	编　程
AC	绝对坐标	G91 X10　Z=AC（20）; X 轴增量坐标，Z 轴绝对坐标
IC	增量坐标	G90 X10　Z=IC（20）; X 轴绝对坐标，Z 轴增量坐标
ATRANS	附加的可编程零点偏置	ATRANS X__　Z__
SCALE	可编程比例系数	SCALE X__　Z__
ASCALE	附加的可编程比例系数	ASCALE X__　Z__
G25	主轴转速或工作区域限制下限设定	G25 X__　Z__
G26	主轴转速或工作区域限制上限设定	G26 X__　Z__
WALIMON	工作区域限制生效	WALIMON
WALIMOF	工作区域限制取消	WALIMOF
CT	带切线过渡的圆弧插补	CT X__　Z__
BRISK	轨迹跳跃加速	BRISK
SOFT	轨迹平滑加速	SOFT
ACC	加速度补偿值的百分比（加速度比例补偿）	ACC[X]=80；X 轴加速度 80% ACC[X]=50；X 轴加速度 50%
FFWON	预（先导）控制开	FFWON
FFWOF	预（先导）控制关	FFWOF
CYCLE84	带螺纹插补切削螺纹	CYCLE84（RTP，RFP，SDIS，DP，DPR，DTB，SDAC，MPIT，PIT，POSS，SST，SST1）
CYCLE88	带停止镗孔	CYCLE88（RTP，RFP，SDIS，DP，DPR，DTB，SDIR）

参考文献

[1] 顾力平．数控机床编程与操作[M]．北京：中国劳动社会保障出版社出版，2005.
[2] 李　华．机械制造工艺技术[M]．北京：机械工业出版社，1997.
[3] 刘守勇．机械制造工艺与机床夹具[M]．北京：机械工业出版社，1994.
[4] 金问楷．机械加工工艺基础[M]．北京：清华大学出版社，1990.
[5] 李善术．数控机床及其应用[M]．北京：机械工业出版社，2000.
[6] 李宏胜．数控原理与系统[M]．北京：机械工业出版社，1997.
[7] 全国数控培训网络天津分中心．数控编程[M]．北京：机械工业出版社，2002.
[8] 明兴祖．数控加工技术[M]．北京：化学工业出版社，2003.
[9] 杨伟群．数控工艺培训教程[M]．北京：清华大学出版社，2002.
[10] 方　沂．数控机床编程与操作[M]．北京：国防工业出版社，1999.
[11] 张超英，罗学科．数控加工综合实训[M]．北京：化学工业出版社，2003.
[12] 唐应谦．数控加工工艺学[M]．北京：中国劳动社会保障出版社，2000.
[13] 陈志伟．数控机床与数控编程技术[M]．北京：电子工业出版社，2003.
[14] 韩鸿鸾．数控加工工艺[M]．北京：中国劳动社会保障出版社，2005.
[15] 王　猛．机床数控技术应用实习指导[M]．北京：高等教育出版社，1999.
[16] 王志平．机床数控技术应用[M]．北京：高等教育出版社，1998.